中天实训教程

U0264547

物联网技术应用实训教程

编审委员会

（排名不分先后）

主　任　吴立国
副主任　张　勇　刘玉亮
委　员　王　健　贺琼义　董焕和　缪　亮　赵　楠
　　　　刘桂平　甄文祥　钟　平　朱东彬　卢胜利
　　　　陈晓曦　徐洪义　张　娟

本书编写人员

主　编　郗志刚
副主编　侯金生　王艳红
编　者　郗志刚　侯金生　王艳红　王智勇
　　　　梁宇晨　王海燕
审　稿　甄文祥

中国劳动社会保障出版社

图书在版编目（CIP）数据

物联网技术应用实训教程／邴志刚主编. -- 北京：中国劳动社会保障出版社，2018
中天实训教程
ISBN 978 - 7 - 5167 - 3677 - 7

Ⅰ.①物…　Ⅱ.①邴…　Ⅲ.①互联网络 - 应用 - 教材②智能技术 - 应用 - 教材
Ⅳ.①TP393.4②TP18

中国版本图书馆 CIP 数据核字（2018）第 227889 号

中国劳动社会保障出版社出版发行

（北京市惠新东街 1 号　邮政编码：100029）

＊

三河市华骏印务包装有限公司印刷装订　新华书店经销

787 毫米×1092 毫米　16 开本　13.25 印张　237 千字
2018 年 10 月第 1 版　2018 年 10 月第 1 次印刷
定价：**37.00 元**

读者服务部电话：（010）64929211/84209101/64921644
营销中心电话：（010）64962347
出版社网址：http://www.class.com.cn

前　言

为加快推进职业教育现代化与职业教育体系建设，全面提高职业教育质量，更好地满足中国（天津）职业技能公共实训中心的高端实训设备及新技能教学需要，天津海河教育园区管委会与中国（天津）职业技能公共实训中心共同组织，邀请多所职业院校教师和企业技术人员编写了"中天实训教程"丛书。

丛书编写遵循"以应用为本，以够用为度"的原则，以国家相关标准为指导，以企业需求为导向，以职业能力培养为核心，注重应用型人才的专业技能培养与实用技术培训。丛书具有以下特点：

以任务驱动为引领，贯彻项目教学。将理论知识与操作技能融合设计在教学任务中，充分体现"理实一体化"与"做中学"的教学理念。

以实例操作为主，突出应用技术。所有实例充分挖掘公共实训中心高端实训设备的特性、功能以及当前的新技术、新工艺与新方法，充分结合企业实际应用，并在教学实践中不断修改与完善。

以技能训练为重，适于实训教学。根据教学需要，每门课程均设置丰富的实训项目，在介绍必备理论知识基础上，突出技能操作，严格遵守实训程序，有利于技能养成和固化。

丛书在编写过程中得到了天津市职业技能培训研究室的积极指导，同时也得到了天津职业技术师范大学、河北工业大学、红天智能科技（天津）有限公司、天津市信息传感与智能控制重点实验室、天津增材制造（3D 打印）示范中心的大力支持与热情帮助，在此一并致以诚挚的谢意。

由于编者水平有限，经验不足，时间仓促，书中的疏漏在所难免，衷心希望广大读者与专家提出宝贵意见和建议。

编审委员会

前言

内容简介

本书是针对物联网技术应用的工程实训指导用书。

本书主要从认知、应用和实现三个层次，由浅入深、由外及内地开展物联网技术的工程训练。其中，认知部分建立物联网技术较为实用的技术基础认知（包括项目一　物联网基础认知、项目二　物联网关键技术认知），应用部分针对物联网典型领域的应用（包括项目三　物联网在资产管理领域的应用、项目四　物联网在生产物流领域的应用、项目五　物联网在其他典型领域的应用），实现部分面向物联网层次要素及系统的实现（包括项目六　物联网实施、项目七　物联网仿真）。

本书突出实训的工程化和实战性，以任务驱动方式，构成模块化、层次化的物联网应用技术技能主干。

本书适合物联网、电子、信息、控制、通信、计算机、机电一体化等专业的学员和技术人员使用。

本书既可以作为物联网技术应用实训、培训和职业技能考核用教程，也可以作为专业人员技术、技能提升的参考用书。

目　录

项目五　物联网在其他典型领域的应用

项目六　物联网实施

项目七　物联网仿真

参考答案

附录 英文缩写的英文全称及中文含义

参考文献

项目一

物联网基础认知

任务一　物联网体系架构认知

一、任务目标

1. 掌握物联网的基本概念。

2. 了解物联网的发展现状。

3. 掌握物联网的体系架构。

二、任务前准备

1. 教师课前准备

教学用具：授课计划、纸质及电子教案、课件、黑板、粉笔、多媒体设备等。

教学管理资料：实训成绩评价标准表、实训室使用记录表、仪器设备维护保养卡等。

训练用具：实训台（含计算机）、工具箱（包括螺钉旋具、尖嘴钳、万用表、镊子、传感器节点、仿真器等）、实训教程，见表1—1—1。

2. 学员课前准备

理论知识点准备：物联网的基本概念、物联网的特点、物联网的体系架构。

教材及学习用具：物联网相关教学资料（含视频、PPT* 等）、实训教程、笔记本、笔。

＊ 注：英文缩写的英文全称及中文含义见附录，余同。

表1—1—1   训练用具清单

序号	类别	名称	数量
1	设备	实训台（含计算机）	1套
2	工具	工具箱（包括螺钉旋具、尖嘴钳、万用表、镊子、传感器节点、仿真器等）	1套
3	资料	实训教程	1套

三、任务内容

1. 物联网的定义。

2. 物联网的特征。

3. 物联网的起源与发展。

4. 物联网的体系架构。

四、任务实施

1. 物联网的定义

从计算机时代到互联网时代，信息技术的发展给人们的生活和工作带来了巨大的变化。

物联网是在互联网技术基础上延伸和扩展的一种网络技术，是让每个目标物体通过传感系统接入网络。

自20世纪90年代物联网概念出现以来，虽然对物联网的研究在不断进步，但对其确切定义尚未完全统一。一个较为普遍被大家接受的物联网技术定义为：通过射频识别（Radio Frequency Identification，RFID）、红外感应器、全球定位系统、激光扫描器等信息传感设备，按约定的协议，将任何物品与互联网相连接，进行信息交换和通信，以实现智能化识别、定位、追踪、监控和管理的一种网络技术，如图1—1—1所示。

2. 物联网的特征

与传统的互联网相比，物联网具有以下几个主要特征：

（1）全面感知

"感知"是物联网的基础。

从实际工程应用角度分析，感知分标识和传感两类。其中标识主要实现对象的关联化、编码化、定性化，而传感主要实现对象具体属性的描述及指标化、定量化。

物联网是由具有全面感知能力的物品（包括人）所组成的，为了使物品具有感知能力，需要在物品上安装不同类型的感知装置（如电子标签、一维码、二维码等）实现标识，或者通过各种类型的传感器（如红外感应器、GPS等）感知其属性和个性化特征。利

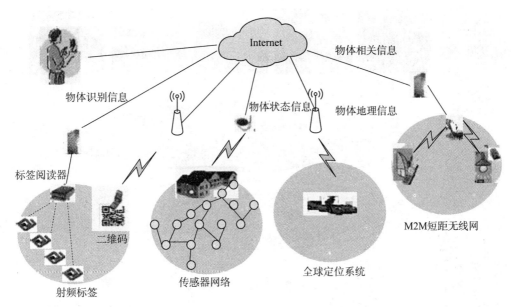

图 1—1—1　物联网相关信息、部件与系统

用这些装置或设备以及其他相关技术，即可随时随地获取物品对应关系、参数信息、对象动态信息，从而实现全面感知世界。

（2）可靠传递

数据传递的稳定性和可靠性是保证物与物相连的关键。

利用网络（有线、无线及移动网）可将感知的信息进行实时的传递。其中，根据传递范围与传递对象的不同可以具体划分为部件内部传递、近距离传递和远程传递等。

为了实现物与物之间信息可靠、高效地交互，就必须约定统一的通信协议。由于物联网是一个异构网络，不同实体间的协议规范可能存在差异，所以需要通过相应的软件、硬件进行转换，以保证物品之间信息的实时、准确传递。

（3）智能处理

经过处理的信息更具有应用价值。智能处理相对于常规处理具有效率、效果、效益等方面的优势，更容易实现对物化信息的智能化控制和管理，真正达到物（人）与物（人）的沟通。

如图 1—1—2 所示，在很多实际工程应用中，感知、传递和处理密切相关但又不是简单的串联关系。而且，物联网是多学科交叉的结果，同时也具有很强的应用性、工程性。

3. 物联网的起源与发展

在物联网的起源与发展过程中有若干里程碑意义的事件，见表 1—1—2。

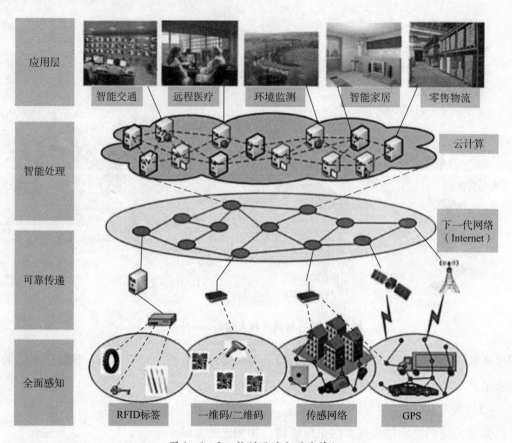

图 1—1—2　物联网的分层次特征

表 1—1—2　　　　　　　　　　物联网的起源与发展一览表

时间	事件
1946 年	苏联的莱昂·泰勒明发明了一种秘密收听装置，用于转发携带音频信息的无线电波，通常认为它是 RFID 的前身
1948 年	美国科学家哈里·斯托克曼发表了论文《利用反射功率的通讯》，正式提出"RFID"一词，标志着 RFID 技术的面世
1973 年	马里奥·卡杜勒所申请的专利是现今 RFID 真正意义上的原型，它可被制成收取通行费的设备，也曾被展示给纽约—新泽西港务局和其他潜在客户
1984 年	日本东京大学的坂村健博士倡导的全新计算机体系 TRON，计划构筑"计算无所不在"的环境，能让识别器自动识别一切物品
1991 年	世界上第一个开放的高速公路电子收费系统在美国俄克拉荷马州建立，人们从此进入了不停车收费的时代 马克·维瑟在《科学美国人》上发表文章《21 世纪的计算机》，预言了泛在计算（无所不在的计算）的未来应用

时间	事件
1995 年	美国微软公司董事长比尔·盖茨在其《未来之路》一书中提及物联网概念
1998 年	马来西亚发布了全球第一张 RFID 护照
1999 年	在美国召开的移动计算和网络国际会议提出:"传感器网是下一个世纪人类面临的又一个发展机遇",传感器网迅速成为全球研究热点。同年,中国科学院启动了相关研究 美国麻省理工学院的 Auto-ID 中心将 RFID 技术与互联网结合,提出了 EPC(产品电子代码)。其核心思想是为每一个产品提供唯一的电子标签,通过射频识别完成数据采集
2001 年	美国加利福尼亚大学的克里斯托弗·应斯特正式提出了"智能微尘"的概念
2002 年	美国橡树岭国家实验室断言:IT 时代正在从"计算机即网络"迅速向"传感器即网络"转变
2003 年	全球产品电子代码中心(EPCglobal)在美国成立,管理和实施 EPC,目标是搭建一个可以自动识别任何地方、任何事物的"物联网" 德国麦德龙股份公司(Metro AG)开设全球第一家"未来商店"
2005 年	美国沃尔玛百货有限公司(即沃尔玛公司,Walmart Inc.)宣布其最大的 100 家供货商所提供的所有商品一律使用 RFID 标签。同时,微软、IBM、TESCO 等也发布将使用高频无线射频识别系统的消息 国际电信联盟(ITU)发布了《ITU 互联网报告 2005:物联网》,报告指出:"所有的物体(从轮胎到牙刷、从房屋到纸巾)都可通过网络主动进行交互"
2008 年	IBM 向奥巴马抛出"智慧地球"战略,提出通过电子信息技术将物与物相连,实现社会与物理世界融合
2009 年	IBM 首席执行官彭明盛提出"智慧地球"构想,其中物联网为"智慧地球"不可或缺的一部分,而时任美国总统奥巴马在就职演讲后对该构想积极回应,并将其提升为国家级发展战略
2010 年	时任国务院总理温家宝在中华人民共和国第十一届全国人民代表大会第三次会议《政府工作报告》中指出,要大力培育战略新兴产业,加快物联网的研发应用

4. 物联网的体系架构

物联网的本质就是物理世界和数字世界的融合。这种融合是双向的,即现实世界向虚拟世界的融入,以及虚拟世界向现实世界的融入。

由物联网的特征可知,物联网具有很强的异构性,为实现异构设备之间的互联、互通与互操作,物联网需以一个开放的、分层的(可能是逻辑上的或物理上的)、可扩展的网络体系架构为框架。

根据物联网的应用服务类型、节点与部件的集成度等具体情况,物联网的体系架构可划分为两种典型情况,第一种是由感知层、接入层、网络层和应用层组成的四层物联网体系架构;第二种是由感知层、网络层和应用层组成的三层物联网体系架构。

根据对物联网的研究、技术和产业的实践观察,目前业界较为普遍地使用物联网三层体系架构,并依此概括描绘物联网系统架构,如图 1—1—3 所示。

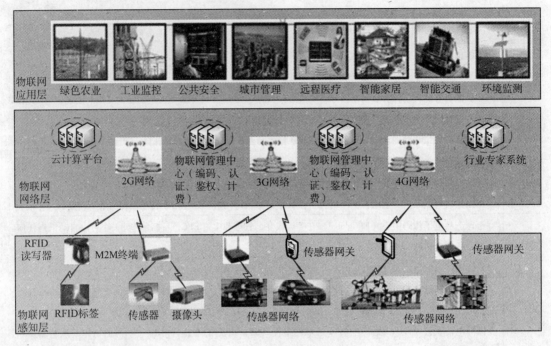

图 1—1—3　物联网体系架构

对各层具体说明如下：

（1）感知层

感知层是物联网三层结构的基础，主要完成对物体的识别及对数据的采集。

具体来说，感知层涉及的信息采集技术主要包括传感器、RFID、条码、多媒体信息采集、MEMS 和实时定位技术等。

（2）网络层

网络层利用各种接入及传输设备将感知的信息在现有的电网、有线电视、互联网、移动通信网及其他专用网中传送。那些已建成的及在建的通信网络均可作为物联网的网络层。

（3）应用层

应用层将收集到的信息进行处理，并做出"反应"，为用户提供种类丰富的服务。

应用层主要包括物联网的应用支撑平台子层和物联网应用服务子层。其中，物联网应用支撑平台子层用于支撑跨行业、跨应用、跨系统之间的信息协同、共享、互通，包括基于 SOA（面向服务的体系结构）的中间技术、信息开发平台技术、云计算平台技术和服务支撑技术等；物联网应用服务子层包括智能交通、智能医疗、智能家居、智能物流、智能电力和工业监控等应用技术。

任务二　物联网相关技术融合认知

一、任务目标

1. 了解物联网与互联网＋的关系。

2. 了解物联网与大数据、云计算的关系。

3. 了解物联网与工业4.0、智能制造的关系。

二、任务前准备

1. 教师课前准备

教学用具：授课计划、纸质及电子教案、课件、黑板、粉笔、多媒体设备等。

教学管理资料：实训成绩评价标准表、实训室使用记录表、仪器设备维护保养卡等。

训练用具：实训台（含计算机）、工具箱（包括螺钉旋具、尖嘴钳、万用表、镊子、传感器节点、仿真器等）、实训教程，见表1—2—1。

2. 学员课前准备

理论知识点准备：物联网与互联网＋的关系，物联网与大数据、云计算的关系，物联网与工业4.0、智能制造的关系。

教材及学习用具：物联网相关教学资料（含视频、PPT）、实训教程、笔记本、笔。

表1—2—1　　　　　　　　训练用具清单

序号	类别	名称	数量
1	设备	实训台（含计算机）	1套
2	工具	工具箱（包括螺钉旋具、尖嘴钳、万用表、镊子、传感器节点、仿真器等）	1套
3	资料	实训教程	1套

三、任务内容

1. 物联网与互联网＋的关系。

2. 物联网与大数据、云计算的关系。

3. 物联网与工业4.0、智能制造的关系。

四、任务实施

1. 物联网与互联网＋的关系

（1）互联网＋的基本概念

"互联网＋"（Internet Plus）可以理解为将互联网与传统行业相结合，以促进各行各业产业发展。"互联网＋"是创新2.0下的互联网发展的新形态、新业态，是知识社会创新2.0推动下的互联网形态演进。

"互联网＋"代表一种新的经济形态，即充分发挥互联网在生产要素配置中的优化和集成作用，将互联网的创新成果深度融合于经济社会各领域之中，提升实体经济的创新力和生产力，形成更广泛的以互联网为基础设施和实现工具的经济发展新形态。

"互联网＋"行动计划将重点促进以云计算、物联网、大数据为代表的新一代信息技术与现代制造业、生产性服务业等的融合创新，发展壮大新兴业态，打造新的产业增长点，为大众创业、万众创新提供环境，为产业智能化提供支撑，增强新的经济发展动力，促进国民经济提质增效升级。

（2）物联网与互联网＋

物联网数据也可以说是社交数据，但其描述的可能不是人与人之间的交往信息，而是物与物、物与人的社会合作信息。从这个角度来说，物联网可以为互联网＋提供支撑和数据基础，而互联网＋可以为物联网充分提供相对系统，直接面向产业的增值服务。互联网＋的典型实例如图1—2—1所示。

2. 物联网与大数据、云计算的关系

（1）大数据和云计算的基本概念

早在20世纪90年代"数据仓库之父"Bill Inmon（比尔·恩门）便提出了"大数据"（Big Data）的概念。大数据又称巨量资料、海量资料，指的是所涉及的信息、数据和资料量的规模大到无法用传统软件工具，在合理时间内达到获取、管理、处理并整理成为能够有效（效率、效益、效果）使用的数据集合。大数据是由数量巨大、结构复杂、类型众多的数据构成的数据集合，可以基于云计算的数据处理与应用模式，通过数据的整合共享、交叉复用，形成智力资源和知识服务能力。

云计算（Cloud Computing）是分布式处理、并行计算、集群计算、网格计算的综合和发展。云计算主要通过动态、易扩展、虚拟化、在线、远程、分布式的互联网信息处理资源和能力，按需实现信息处理功能、使用方式和交付模式的扩展和提升。云计算技术将服务抽象成可运营、可管理的IT资源，通过互联网动态提供给用户，尤其是其中的运算、存储资源和功能，如图1—2—2所示。

图 1—2—1　互联网＋典型实例

图 1—2—2　云计算技术

云计算相关的服务形式和理念主要包括基础设施即服务（Infrastructure as a Service，IaaS）、平台即服务（Platform as a Service，PaaS）、软件即服务（Software as a Service，SaaS）、桌面即服务（Desktop as a Service，DaaS）、网络即服务（Network as a Service，NaaS）、大数据即服务（BigData as a Service，BDaaS）。

（2）云计算与大数据

从狭义的角度看，云计算与大数据之间是动与静的关系：云计算强调计算，可以认为是动；大数据中的数据是计算的对象，可以认为是静。

从更一般或广义的角度看，云计算为大数据提供重要的实现手段和能力（数据获取、清洁、转换、统计等能力），大数据为云计算提供重要的应用领域和验证平台；且两者均需要存储（动与静相结合）等共同支撑技术。

（3）物联网与大数据

物联网与大数据是相辅相成的。

物联网为大数据提供数据源。数据可通过物联网的感知层（如传感器、RFID 等）直接产生，也可通过网络层、应用层的数据传递、处理和应用等环节间接产生。直接产生的数据与间接产生的数据往往具有不同的特点。感知层的数据是异构的、多样性的、非结构和有噪声的，节点数更多、节点增加率更高，数据的粒度更小，且通常具有时间、位置、环境和行为等信息和属性。

物联网与大数据的关系和物联网与互联网＋的关系类似，大数据可以对物联网所获取的信息和数据进行深度加工（其中也包括过滤），如图 1—2—3 所示。

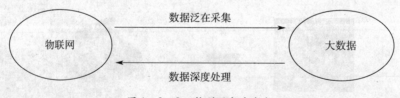

图 1—2—3　物联网与大数据

（4）物联网与云计算

物联网和云计算的关系非常密切。

物联网的三层或四层体系架构中，应用层可以充分利用云计算处理海量数据存储和计算需求。从这个意义上讲，云计算是物联网发展的基石：将采集到的各种实时动态信息送达（具有高效、动态、可大规模扩展的信息资源处理能力的）计算机处理中心进行汇总、分析和处理等。

基于云计算与大数据、物联网与大数据的关系，不难理解，物联网为云计算提供数据源、重要的应用领域和验证平台。

3. 物联网与大数据、云计算、互联网的综合关系

与其他新技术的产生和发展相似，大数据的产生和发展也是需求和支撑技术共同作用的结果。随着互联网、移动设备、物联网和云计算等的快速发展，全球数据量大大提升；同时，数据处理需求和数据处理的综合能力也在快速提升。物联网、移动互联网叠加在传统互联网之上，每天都会产生海量数据，而大数据又通过云计算等形式进行不同粒度、不同深度的处理，最终形成面向不同应用和目标的有效（效率、效益、效果）信息，这就是大数据分析。

云计算可以促进物联网和互联网的智能融合，进而构建智慧社区（智慧校园）、智慧城市、智慧地球。

4. 物联网与工业4.0、智能制造的关系

（1）工业4.0的基本概念

工业4.0是Acatech（Deutsche Akademie der Technikwissenschaften，德国国家科学与工程院）在agendaCPS研究项目中提出的，它是CPS（Cyber – Physical System，信息物理系统）在制造业中的应用。工业4.0是通过互联网等通信网络将工厂与工厂内外的事物和服务连接起来，创造前所未有的价值，构建新的商业模式。

工业4.0项目主要分为两大主题，一是"智能工厂"，重点研究智能化生产系统和过程，以及网络化分布式生产设施的实现；二是"智能生产"，主要涉及整个企业的生产物流管理、人机互动以及3D（3 Dimensions，三维）技术在工业生产过程中的应用等。

工业4.0概念包含了由集中式控制向分散式增强型控制的基本模式转变，目标是建立一个高度灵活的个性化和数字化的产品与服务的生产模式。在这种模式中，传统的行业界限将消失，并会产生各种新的活动领域和合作形式。创造新价值的过程正在发生改变，产业链分工将被重组。

工业4.0中的三项集成包括横向集成、纵向集成和端对端的集成。工业4.0将无处不在的传感器、嵌入式终端系统、智能控制系统、通信设施通过CPS形成一个智能网络，使人与人、人与机器、机器与机器以及服务与服务之间能够互联，从而实现横向、纵向和端对端的高度集成。集成是实现工业4.0的重点，也是难点。

工业4.0的实现需要用八项计划打好基础。标准化参考架构、监管架构、工业宽带基础、安全和保障工作的计划落实将有助于联通工厂内的系统断层；管理复杂系统、资源利用效率的计划将促成横向、纵向和端对端的集成；工作的组织和设计、培训与再教育的计划将为实现工业4.0提供组织结构变革、管理模式创新和关键人才支持，如图1—2—4所示。

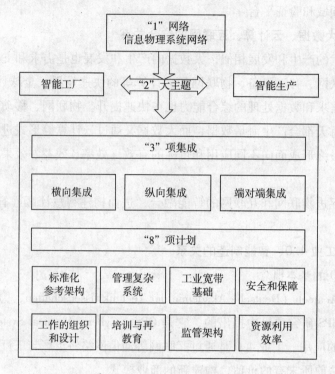

图 1—2—4 工业 4.0 框架图

（2）智能制造的基本概念

"互联网 + 制造"就是工业 4.0。工业 4.0 是德国提出的概念，美国叫"工业互联网"，中国叫"工业制造 2025"，这三者本质内容是一致的，都指向一个核心，就是智能制造（智造）。

智能制造不是横空出世，是先进制造发展的最新形态，而市场需求是先进制造发展的根本动力。智能制造可以从技术创新、组织创新和模式创新等维度来理解。

目前，单一的制造业发展战略已经让位于综合性的制造服务战略，先进制造系统必须在时间、质量、成本、服务和环境等几个方面同时满足市场和社会需求，从而获取最大的经济和社会效益，这就对制造系统提出了更高的要求，也提供了更大的发展动力。

（3）物联网与工业 4.0、智能制造的关系

智能制造与其他技术的关系如图 1—2—5 所示。

智能制造与物联网的关系如图 1—2—6 所示。

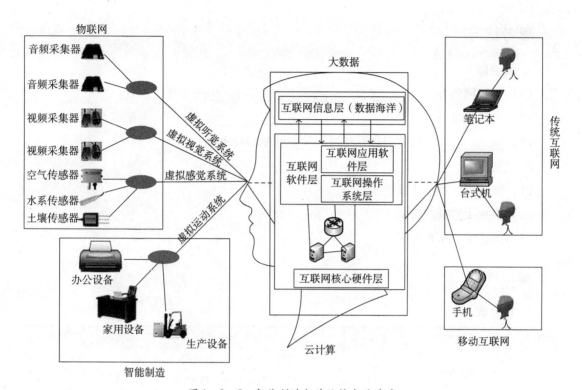

图1—2—5 智能制造与其他技术的关系

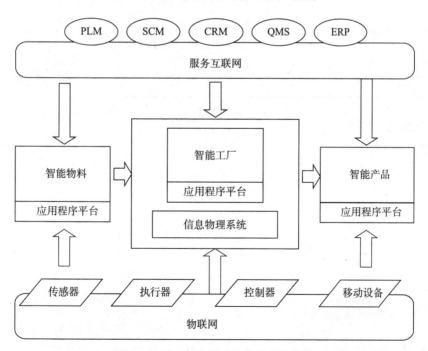

图1—2—6 智能制造与物联网的关系

思考练习

1. 填空题

（1）物联网具有_____、_____、_____三个主要特征。

（2）云计算是_____、_____、_____和_____的综合和发展。

（3）_____可以被当作互联网大脑的感觉神经系统。

2. 简答题

（1）阐述物联网的体系架构。

（2）阐述大数据的含义。

（3）阐述工业4.0的含义。

综合评估

1. 评分表

序号	评分项目	配分	评分标准	扣分	得分
1	思考练习	70	3道填空题，每空5分，共40分 3道简答题，每题10分，共30分		
2	纪律遵守	30	迟到、早退每次扣0.5分 旷课每次扣2分 上课喧哗、聊天每次扣2分 扣完为止		
	总分	100			

2. 自主分析

学员自主分析：

项目二

物联网关键技术认知

任务一　物联网网络技术认知

一、任务目标

1. 了解网络与通信技术的关系。
2. 掌握 ZigBee 协议的概念。

二、任务前准备

1. 教师课前准备

教学用具：授课计划、纸质及电子教案、课件、黑板、粉笔、多媒体设备等。

教学管理资料：实训成绩评价标准、实训室使用记录表、仪器设备维护保养卡等。

训练用具：实训台（含计算机）、物联网开发套件、工具箱（包括螺钉旋具、尖嘴钳、万用表、镊子等）、实训教程，见表 2—1—1。

表 2—1—1　　　　　　　　　　训练用具清单

序号	类别	名称	数量
1	设备	实训台（含计算机）	1 套
2	平台	物联网开发套件	1 套
3	工具	工具箱（包括螺钉旋具、尖嘴钳、万用表、镊子等）	1 套
4	资料	实训教程	1 套

2. 学员课前准备

理论知识点准备：网络与通信技术的关系，ZigBee 协议的概念。

教材及学习用具：物联网相关教学材料（含视频、PPT）、实训教程、笔记本、笔。

三、任务内容

物联网通信技术认知。

四、任务实施

1. 网络与通信技术认知

物联网网络与通信技术涉及近程通信技术和远程通信技术。近程通信技术主要有基于 IEEE802.15.4 的通信、ZigBee、RFID、蓝牙、红外、WIFI、UWB 等，远程通信技术涉及 IP 互联网、2G/3G/4G 移动通信、卫星通信互联网等；而两者均涉及组网、网关等技术，并可与北斗、GPS、无线终端和网络的位置服务技术等协同。

2. ZigBee 协议认知

ZigBee 协议是一系列的通信标准，通信双方需共同按照这一标准进行正常的数据发射和接收。

协议栈是协议的具体实现形式，可以理解为协议和用户之间的一个接口、代码、函数库；开发人员通过使用协议栈来使用协议，进而实现数据收发。

ZigBee 无线网络协议分层结构如图 2—1—1 所示。

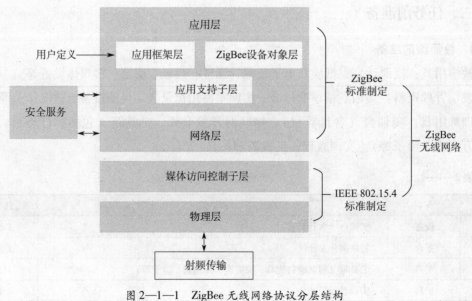

图 2—1—1　ZigBee 无线网络协议分层结构

使用协议栈时，通常主要关注应用逻辑（即数据从哪里到哪里、如何存储处理，以及系统设备之间的通信顺序），而不必关注协议栈是如何实现的。当应用需要数据通信时，调用组网函数；当需要将数据从一个设备发送到另一个设备时，调用无线数据发送函数/接收函数；当设备处于空闲状态时，调用休眠函数；当设备开始运转时，调用唤醒函数。

用户实现一个简单数据通信的一般步骤如下：

（1）组网。调用协议栈的组网函数、加入网络函数，实现网络的建立与节点的加入。

（2）发送。发送节点调用协议栈的数据发送函数，实现数据发送。

（3）接收。接收节点调用协议栈的数据接收函数，实现数据接收。

协议栈代码层次分析如图2—1—2所示。

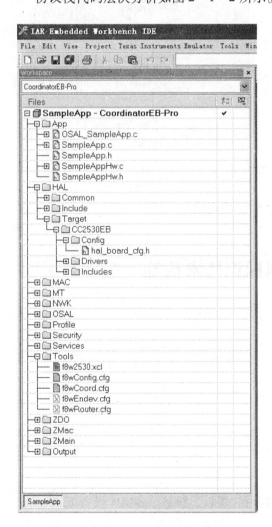

App（Application）：应用层目录，这是用户创建各种不同工程的区域，在这个目录中包含了应用层的内容和这个项目的主要内容。

HAL（Hardware Abstract Layer）：硬件层目录，包含有与硬件相关的配置和驱动及操作函数。

MAC（Media Access Control）：MAC 层目录，包含了 MAC 层的参数配置文件及其 MAC 的 LIB 库的函数接口文件。

MT（Monitor Test）：实现通过串口控制各层，并与各层进行直接交互。

NWK（NetWorK）：网络层目录，包含网络层配置参数文件、网络层库的函数接口文件及 APS 层库的函数接口。

OSAL（Operating System Abstraction Layer）：协议栈的操作系统。

Profile：应用框架（Application framework）层目录，包含 AF 层处理函数文件，应用框架层是应用程序和 APS 层的无线数据接口。

Security：安全层目录，包含安全层处理函数，如加密函数等。

Services：地址处理函数目录，包括地址模式的定义及地址处理函数。

Tools：工程配置目录，包括空间划分及 Z－Stack 相关配置信息。

ZDO（ZigBee Device Object）：ZDO 目录。

Zmac（ZigBee MAC）：MAC 层目录，包括 MAC 层的参数配置及 MAC 层 LIB 库函数回调处理函数。

Zmain（ZigBee main）：主函数目录，包括入口函数及硬件配置文件。

Output：输出文件目录，由 IAR IDE（Integrated Development Environment，集成开发环境）自动生成。

图2—1—2　协议栈代码层次分析

ZigBee 的工作流程如图 2—1—3 所示。

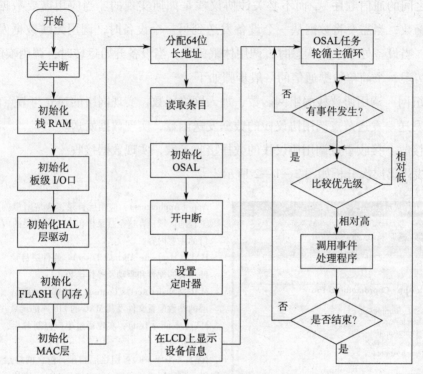

图 2—1—3　ZigBee 的工作流程

任务二　物联网标识技术认知

一、任务目标

1. 掌握 RFID 的分类。

2. 掌握 RFID 的原理。

3. 掌握 RFID 电子标签*读写操作的方法。

二、任务前准备

1. 教师课前准备

教学用具：授课计划、纸质及电子教案、课件、黑板、粉笔、多媒体设备等。

---

* 本书中没有特别说明的，"标签""电子标签""RFID 标签"均指 RFID 电子标签。

教学管理资料：实训成绩评价标准、实训室使用记录表、仪器设备维护保养卡等。

训练用具：实训台（含计算机）、物联网开发套件、工具箱（包括螺钉旋具、尖嘴钳、万用表、镊子等）、实训教程，见表2—2—1。

表2—2—1　　　　　　　　　　　　训练用具清单

序号	类别	名称	数量
1	设备	实训台（含计算机）	1套
2	平台	物联网开发套件	1套
3	工具	工具箱（包括螺钉旋具、尖嘴钳、万用表、镊子等）	1套
4	资料	实训教程	1套

2. 学员课前准备

理论知识点准备：物联网标识技术的概念。

教材及学习用具：物联网相关教学资料（含视频、PPT）、实训教程、笔记本、笔。

三、任务内容

1. RFID技术的理论基础。

2. 实训平台与环境配置。

以RFID标签的读写操作为实例进行实操训练。

3. RFID标签性能分析与测试。

主要测试UHF频段的标签，测试功能为防碰撞测试、应用背景测试、读写距离测试、互操作测试，生成测试报告。

4. RFID读写器性能分析与测试。

主要测试读写器识读率，显示识读结果并生成测试报告。

四、任务实施

1. RFID技术

（1）RFID定义

RFID技术是一种非接触式的自动识别技术，利用射频信号及其空间耦合传输特性，实现对静态或移动待识别物体的自动识别，用于对采集点的信息进行"标准化"标识。

（2）RFID应用系统组成

一个相对完整的RFID应用系统通常由RFID读写器（又称读卡器）、RFID电子标签（又称卡片）、计算机服务器等组成。其中，读写器和电子标签是最基本的组成部分。

1）读写器。读写器是在 RFID 系统中对电子标签传输的信息进行接收与识别的设备。其内部结构通常包括耦合元件、芯片和天线。

2）电子标签。电子标签是 RFID 系统的数据载体，由标签天线和标签专用芯片组成。每个电子标签通常具有唯一的电子编码，附着在物体上标识目标对象。

RFID 标签种类如图 2—2—1 所示。

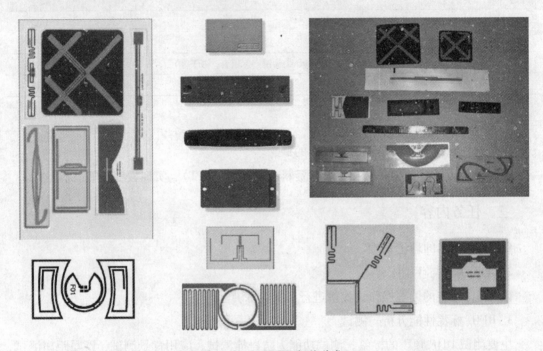

图 2—2—1　RFID 标签种类

3）计算机服务器。计算机服务器通过特定的网络和通信接口，实现与读写器有线或无线方式的连接。另根据预设的逻辑运算对标签传输的信息进行判断，并进行相应的处理。

（3）RFID 系统工作原理

以无源标签为例，读写器通过天线发出含有信息的射频信号，当射频标签进入读写器的有效读写范围时，标签中的天线通过耦合产生感应电流而获取能量，通过自身的编码处理，将信息通过载波信号发回给读写器。读写器接收到电子标签返回的信号，通过解调和解码，将标签内部的数据识别出来，还可进一步通过计算机数据采集系统对数据进行保存、分析、处理等。

RFID 工作原理如图 2—2—2 所示。

（4）RFID 应用系统分类

从上述 RFID 定义、系统组成及原理等多个角度，均可对 RFID 应用系统进行分类研究。

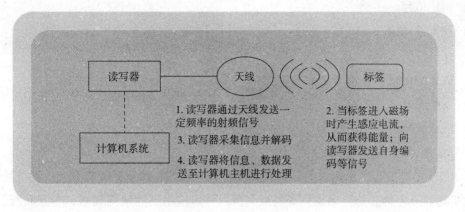

图 2—2—2　RFID 工作原理

1）根据 RFID 标签供电方式分类。RFID 标签可分为无源标签（Passive Tag）、半有源标签（Semi – Passive Tag）和有源标签（Active Tag）三种。

无源标签不含电池，它接收到读写器发出的微波信号后，利用读写器发射的电磁波提供能量。无源标签一般免维护，质量轻、体积小、寿命长、较便宜，但其读写距离受读写器发射能量和标签芯片功能等因素限制。

半有源标签内带有电池，但电池仅为标签内需维持数据的电路或远距离工作时供电，电池能量消耗很少。

有源标签工作所需的能量全部由标签内部电池供应，且其可用自身的射频能量主动发送数据给读写器，读写距离较远，但寿命有限、价格昂贵、维护成本高。

2）根据工作频率分类。根据电子标签工作频率的不同，RFID 技术通常可分为低频（125 ~ 134 kHz）、高频（13.56 MHz）、超高频（860 ~ 960 MHz）和微波（2.45 GHz、5.8 GHz）等。

低频和高频系统的特点是读写距离短、阅读天线方向性不强等，另外，高频系统的通信速度也较慢。两种不同频率的系统均采用电感耦合原理实现能量传递和数据交换，主要用于短距离、低成本的应用。

超高频、微波系统的标签采用电磁后向散射耦合原理进行数据交换，读写距离较远，适应高速运动物体，整体性能相对更好。阅读天线及电子标签天线均有较强的方向性，但该系统标签和读写器成本均较高。

（5）RFID 技术特征

相对于传统的条码等技术，RFID 具有以下特征：

1）数据的无线读写（Wireless Read Write）功能。

2）形状容易小型化和多样化。

3）耐环境性。

4）可重复使用。

5）穿透性强。

6）数据的记忆容量较大。

7）系统安全。

8）数据安全。

（6）RFID 技术的应用及发展

因 RFID 技术可实现非接触的自动识别，具有全天候、识别穿透能力强、无接触磨损、可同时实现对多个物品的自动识别等特点，所以可以应用到物联网领域，与互联网、通信等技术相结合，实现物品的跟踪与信息的共享，在物联网"识别"信息和近程通信的层面中，起着至关重要的作用。

RFID 芯片设计与制造技术的发展趋势是芯片功耗更低，作用距离更远，读写速度与可靠性更高，成本不断降低。芯片技术将与应用系统整体解决方案紧密结合。标签封装技术将和印刷、造纸、包装等技术结合，导电油墨印制的低成本标签天线、低成本封装技术将促进 RFID 标签的大规模生产。读写器设计与制造的发展趋势是读写器将向多功能、多接口、多制式以及模块化、小型化、便携式、嵌入式方向发展。

随着关键技术的不断进步，RFID 产品的种类将越来越丰富，应用和衍生的增值服务也将越来越广泛。

2. 实训平台与环境配置

根据实训内容的要求，进行以下实操。

（1）软件安装

进行 RFID 标签的读写等基本操作工程实践训练前，需要先安装特定的软件。

以较为常用的 IAR（IAR 公司是全球领先的嵌入式系统开发工具和服务供应商）开发环境软件为例，其安装过程较为简单，基本按默认操作步骤顺序完成即可。

选择安装路径，如图 2—2—3 所示。

选择程序文件夹，如图 2—2—4 所示。

完成安装，如图 2—2—5 所示。

（2）工程建立

在 IAR 中新建一个工程的典型方式，如图 2—2—6 所示。通过菜单"File"→"New"→"Workspace"，新建一个"Workspace"。

IAR 新建的"Project"如图 2—2—7 所示。

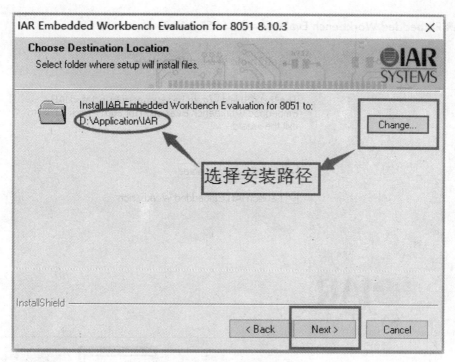

图 2—2—3　选择安装路径

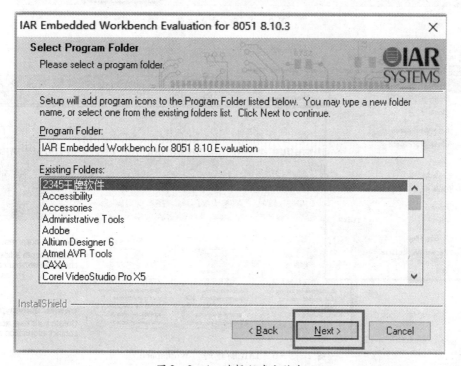

图 2—2—4　选择程序文件夹

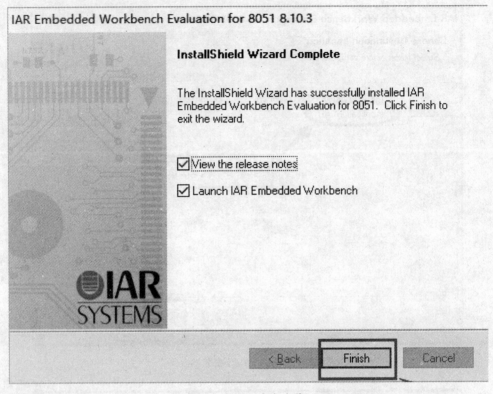

图2—2—5 完成安装

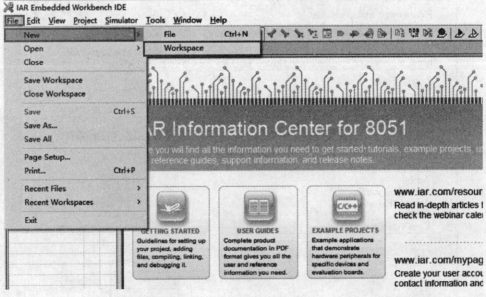

图2—2—6 IAR 新建的 "Workspace"

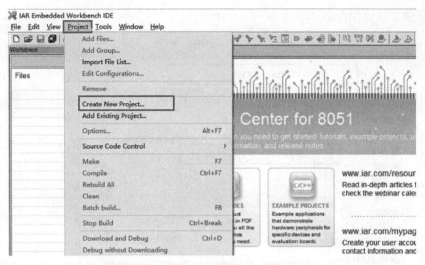

图 2—2—7 IAR 新建的 "Project"

通过 "Project" 菜单新建一个工程时，可以选择适当的模板和工程保存的路径，并对工程命名。基本步骤如下：

1）选择模板，如图 2—2—8 所示。

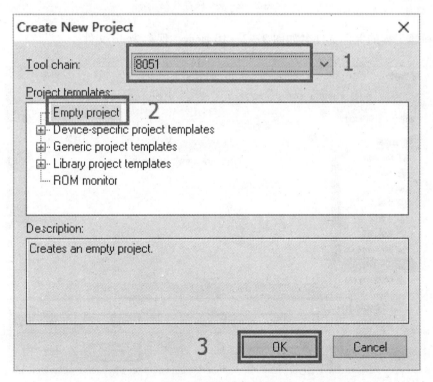

图 2—2—8 选择模板

2）新建工程的保存路径如图2—2—9所示。

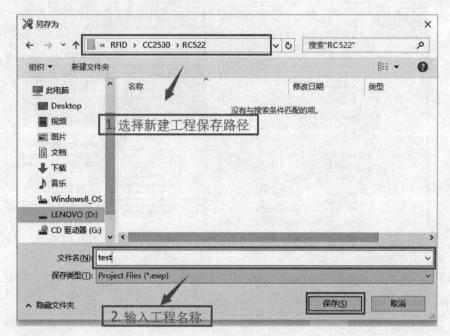

图2—2—9　保存路径

3）新建工程的保存文件名如图2—2—10所示，保存为.c文件。

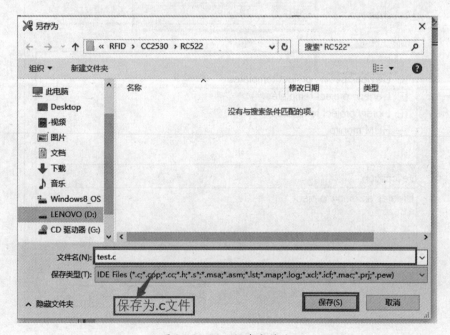

图2—2—10　保存文件名

（3）基于工程的 RFID 标签（模块）基本读写操作

以基于 CC2530F256 单片机的 RFID 射频模块为例，根据实训教程提供的参考工程文件 "IC_Card. eww"（见图 2—2—11）进行相关操作。

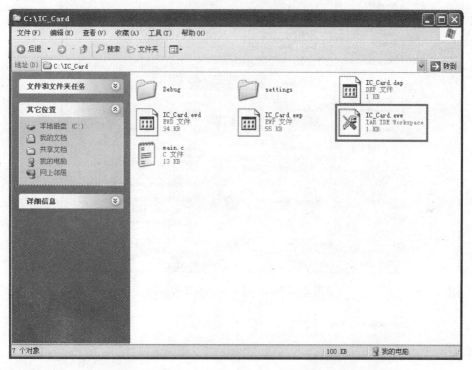

图 2—2—11　打开 "IC_Card. eww" 工程文件

1）参数配置。打开 "IC_Card. eww" 文件，单击 "Project" 菜单下的 "Options"，可对 IAR 工程进行配置。配置 "Target" 时，设置 "Code model" 为 "Near"，"Data model" 为 "Large"，"Calling convention" 为 "XDATA stack reentrant" 等。

IAR 工程配置对话框如图 2—2—12 所示。

"Config" 选项卡如图 2—2—13 所示。

"Driver" 的设置如图 2—2—14 所示。

2）程序编译。程序编译如图 2—2—15 所示。

3）下载程序。连接好仿真器，连接时注意查对线序与接口，插入相对应的接口，如图 2—2—16 所示。

下载程序，如图 2—2—17 所示。

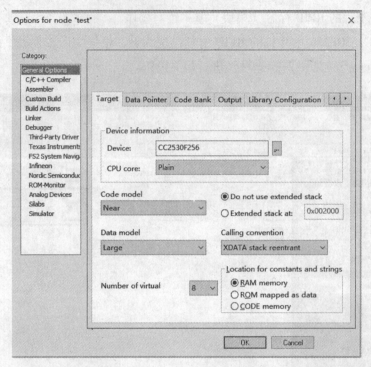

图 2—2—12　IAR 工程配置对话框

图 2—2—13　"Config" 选项卡

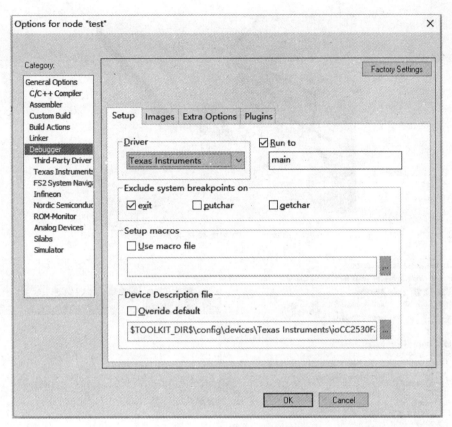

图 2—2—14 "Driver"的设置

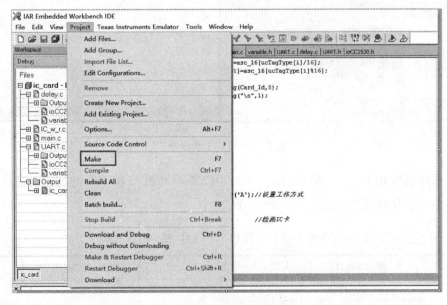

图 2—2—15 程序编译

图 2—2—16　连接仿真器

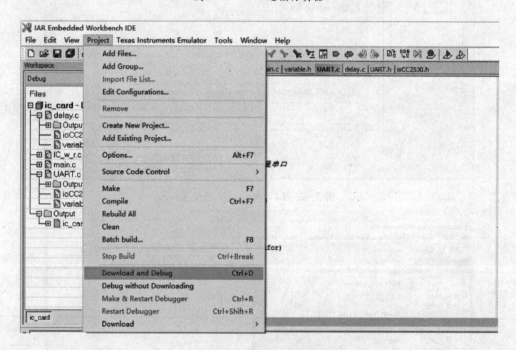

图 2—2—17　下载程序

4）单片机与 RFID 读写器的连接。CC2530F256 单片机与 RC522 的 SPI 接口对应关系见表 2—2—2，接线效果如图 2—2—18 所示。

表 2—2—2　　　　　　CC2530F256 单片机与 RC522 的 SPI 接口对应关系

RC522 接口	CC2530F256
SDA（数据接口）	P2.0
SCK（时钟接口）	P0.7

MOSI（SPI 接口主出从入）	P0.6
MISO（SPI 接口主入从出）	P0.5
NC（悬空）	不接
GND（地）	GND
RST（复位信号）	P0.4
3.3V（电源）	3.3V

图 2—2—18　接线效果

5）调试与测试。打开串口助手软件。

CC2530F256 单片机通过 USB 线与计算机连接，并打开串口助手设置串口参数分别为 9600、8、N、1。

刷卡后可在"串口数据接收"区查看卡的相关信息，如图 2—2—19 所示。

每次刷卡信息处理流程如图 2—2—20 所示。

3. RFID 标签和读写器的性能分析与测试

根据实训内容的要求，进行以下实操。

（1）设置相关内容

打开 RFID 测试系统后，首先进入"设置"界面，设置功率、读写器的 IP 地址以及保存路径等信息，如图 2—2—21 所示。

（2）标签防碰撞测试

选择"标签防碰撞测试"，将要测试的标签放在读写器附近，输入测试标签总数，单击"开始测试"按钮，观察界面上"识别标签总数"处显示的标签个数，扫描到的标签信息会显示在界面右侧"识读结果"处。

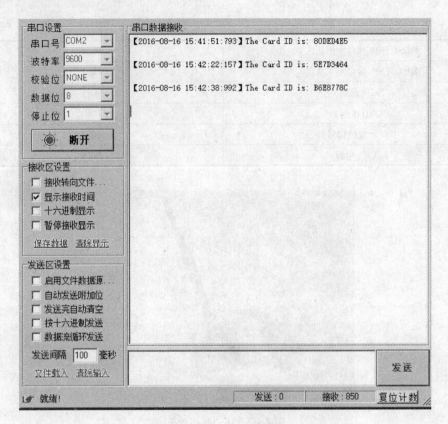

图 2—2—19　串口输出信息

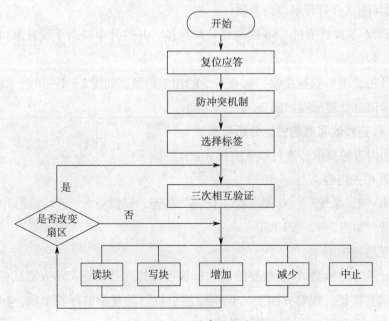

图 2—2—20　信息处理流程

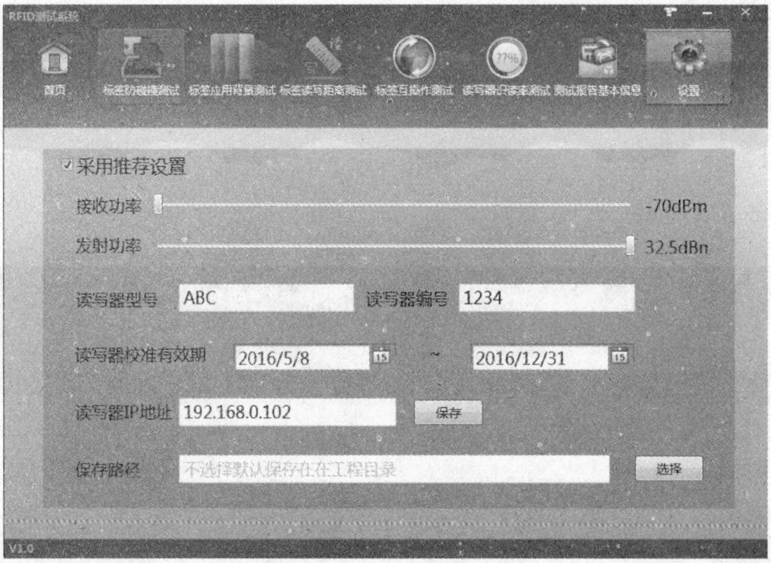

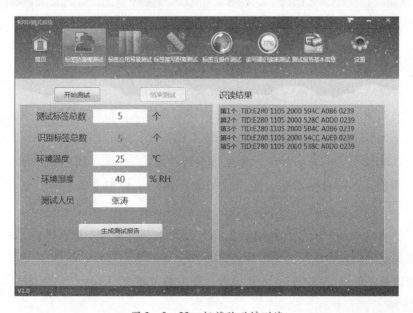

图 2—2—21 设置相关内容

若"识读结果"处显示的标签数量等于测试标签总数,说明标签已全部被读写器扫描到,单击"结束测试"按钮结束测试;若"识读结果"处显示的标签数量不等于测试标签总数,说明标签的防碰撞算法有缺陷,没有将这些标签区分出来。

结束测试后,填写相关信息,单击"生成测试报告"按钮,完成标签防碰撞测试,如图 2—2—22 所示。

图 2—2—22 标签防碰撞测试

（3）标签应用背景测试

选择"标签应用背景测试"，选择此时标签的背景材质；选择好后，单击"读取"按钮，界面下方会列出读写器读到的该标签信息。

输入样品编号、标签类型等信息，单击"生成测试报告"按钮，完成标签应用背景测试，如图2—2—23所示。

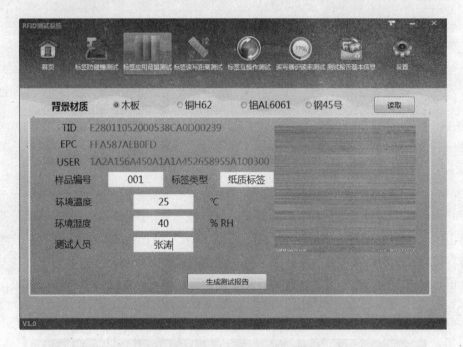

图2—2—23　标签应用背景测试

（4）标签读写距离测试

选择"标签读写距离测试"，首先进行标签最大读距离测试。

单击"开始测试"按钮，标签由远及近向读写器移动。如果未听到"滴滴"的声音，说明读写器没有扫描到标签；如果听到"滴滴"的声音，说明读写器扫描到了标签，此时拿着标签向远离读写器的方向移动，直至听不到"滴滴"声，量取此时的距离即为该标签的最大读距离，并记录在界面右侧"最大读距离"后面的文本框中，如图2—2—24所示。

单击"最大写距离测试"右侧的"生成"按钮，随机生成一个EPC，然后将标签从刚才步骤所确定的最大读距离处慢慢靠近读写器，直到状态显示"写入成功"，量取此时的距离即为该标签的最大写距离，并记录在界面右侧"最大写距离"后面的文本框中，如图2—2—25所示。

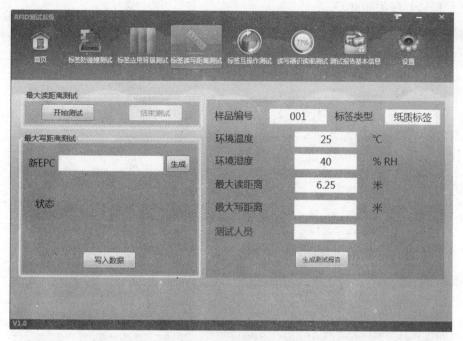

图 2—2—24　标签读写距离测试

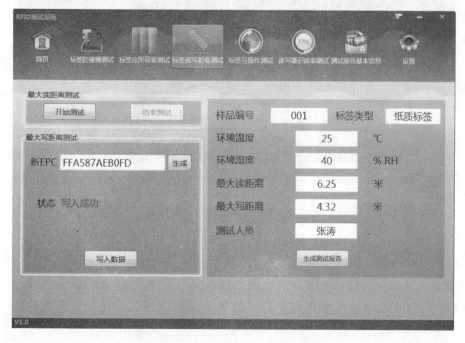

图 2—2—25　标签读写距离测试

（5）标签互操作测试

选择"标签互操作测试"，将标签放置在读写器附近，单击"标签读取"按钮，界面中的"USER"和"TID"会显示出该标签的相应信息，如图2—2—26所示。

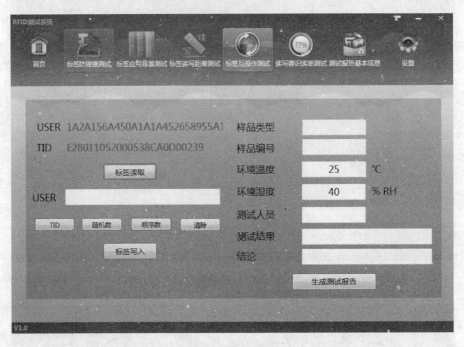

图2—2—26　标签互操作测试

单击图2—2—27中的任意一个按钮，生成 USER 数据。

图2—2—27　生成 USER 数据按钮

单击"标签写入"按钮，将生成的 USER 数据写入标签"USER"区，如图2—2—28所示。

单击"标签读取"按钮（或者在手持机端相应应用程序处扫描标签），会发现"US-ER"区数据有了相应变化，如图2—2—29所示。

在界面右侧输入样品类型等信息，单击"生成测试报告"按钮，完成标签互操作测试。

4. RFID 读写器性能分析与测试

根据实训内容的要求，进行以下实操。

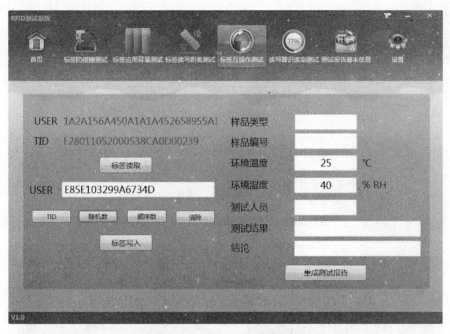

图 2—2—28　向标签中写入数据

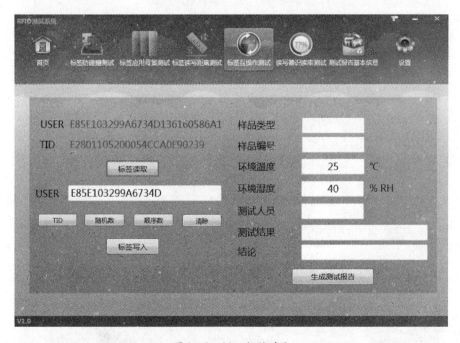

图 2—2—29　标签读取

选择"读写器识读率测试",输入测试时间和测试标签总数,单击"开始测试"按钮,此时右侧"识读结果"处会显示扫描到的标签信息,"识别标签总数"处也会显示识别到的标签总数，如图 2—2—30 所示。

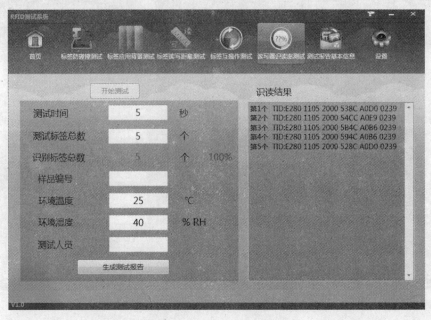

图 2—2—30   读写器识读率测试

在界面左侧输入样品编号等信息，单击"生成测试报告"按钮，完成读写器识读率测试，如图 2—2—31 所示。

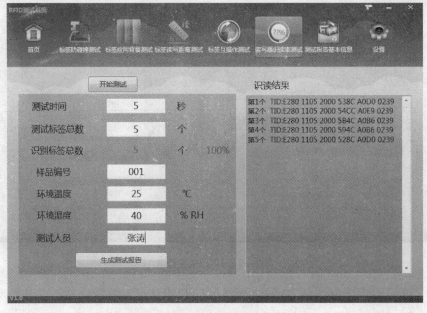

图 2—2—31   读写器识读率测试

任务三　物联网感知技术认知

一、任务目标

1. 掌握物联网的感知技术。

2. 掌握传感器的分类。

3. 掌握传感器的操作。

二、任务前准备

1. 教师课前准备

教学用具：授课计划、纸质及电子教案、课件、黑板、粉笔、多媒体设备等。

教学管理资料：实训成绩评价标准、实训室使用记录表、仪器设备维护保养卡等。

训练用具：实训台（含计算机）、物联网开发套件、工具箱（包括螺钉旋具、尖嘴钳、万用表、镊子等）、实训教程，见表2—3—1。

2. 学员课前准备

理论知识点准备：物联网的感知技术，传感器的分类及操作。

教材及学习用具：物联网相关教学资料（含视频、PPT等）、实训教程、笔记本、笔。

表2—3—1　　　　　　　　　　　训练用具清单

序号	类别	名称	数量
1	设备	实训台（含计算机）	1套
2	平台	物联网开发套件	1套
3	工具	工具箱（包括螺钉旋具、尖嘴钳、万用表、镊子等）	1套
4	资料	实训教程	1套

三、任务内容

1. 传感器技术认知。

2. 传感器网络感知技术认知。

3. 感知技术系统平台基本训练。

以无线温湿度监控系统为实例进行实操训练。

4. 感知技术系统平台提高训练

无线温湿度变送器往往分布较为分散或者隐蔽，用户在监控温湿度过程中需要知道各个无线温湿度变送器大致方位；同时在发生温湿度超界、电量不足的情况时，能迅速定位并处理突发情况。

四、任务实施

1. 传感器技术认知

（1）定义

国家标准《传感器通用术语》（GB/T 7665—2005）对传感器（Transducer/Sensor）的定义是："能感受被测量并按照一定的规律转换成可用输出信号的器件或装置，通常由敏感元件和转换元件组成。" 如果从更直观的角度理解，传感器是能够将一个被测量（物理量、化学量、生物量等）按照一定规律转换成易于传输和处理的量（一般是电信号）的器件或装置。

（2）分类

传感器种类繁多，分类方法也很多，其中有两种分类方法较为常用：一是按被测参数分类，如温度、压力、物位、流量、成分等；二是按传感器的工作原理分类，如应变式、电容式、压电式、磁电式等。与之对应，传感器的命名往往是上述两种分类的综合，即原理＋参数的形式（如电容式流量计）。物联网领域的传感器种类繁多，一种被测量可以用多种传感器测量，而同一原理的传感器通常又可测量多种被测量。

（3）输出与功能接口

传统传感器的输出信号通常是电量，它便于传输、转换、处理、显示等。电量有很多形式，如电压、电流、电容、电阻等。输出信号的具体形式由传感器的原理和电路结构确定。

随着新材料、新技术、新工艺的不断涌现，以及与信息、网络、生物等技术的不断融合，传感器技术正在向集成化、多功能化、智能化、微型化、网络化等方向发展；尤其是随着电子技术、嵌入式技术、通信和网络技术的发展，输出数字信号又具有通信和网络接口的传感器越来越成为趋势和主流。

（4）选型

通常要求传感器能够快速、准确、可靠而又经济地实现信息转换。具体而言，选择传感器时应考虑的主要因素如下：

1）具有很好的信号选择能力，以便从干扰信号中提取有用信号。

2）具有足够大的工作范围或量程，且有一定的过载能力。

3）输出信号与被测输入信号具有确定关系（通常希望为线性），且灵敏度高，与测量或控制系统匹配性好。

4）传感器本身是测量用的特殊系统，应该具有满足测量要求的静态响应和动态响应，即必须有足够快的反应速度、较高的稳定性（如时漂、温漂小）和准确性，而且工作可靠性高。

5）适用性和适应性强，即传感器动作能量小，对被测对象的状态影响小，可防止破坏被测对象的正常工作状态；内部噪声小又不易受外界干扰，使用安全等。

6）使用经济，成本低，寿命长，且便于使用、维修和校准。

2. 传感器网络感知技术认知

感知网络（Perspective Networks）、传感器网络（Sensor Networks，美国）、环境智能（Ambient Intelligence，欧洲），以及普及/普存/普适/无处不在的计算（Pervasive Computing，Ubiquitous Computing）、智慧空间（Smart Space）等概念体现了一些共同理念，即环境感知、分布式智能、自组织系统、以人为本等，其中传感器网络既可以独立的功能系统形式存在，又是实现普适计算、大数据、云计算的重要基础和前提环节。

"基于智能微节点的无线传感器网络"的产生和发展是需求广泛和相关支撑技术日益成熟、不断融合的必然结果。"基于智能微节点的无线传感器网络"在单个节点规模和系统所含节点数量两个方面与一般的传感器网络存在明显区别——这种区别量变到一定程度造成其与传统意义的传感器网络会有一些本质不同，其特点决定该类系统研发时具有较高难度和大量特殊问题，其优势决定"基于智能微节点的无线传感器网络"具有更为广泛的应用价值和研究价值。可以说，"基于智能微节点的无线传感器网络"是信息世界和实际物理世界之间的桥梁。

上述概念之间的关系可以归纳如下：

（1）嵌入式系统（Embedded System）从量变到质变，无线传感器网络（Wireless Sensor Networks，WSNs）→智慧空间（Smart Space）。

（2）智慧空间+移动计算技术（Mobile Computing）→普适计算/大数据/云计算。

（3）智慧空间+网格计算（Grid Computing）/大数据/云计算→全球智慧空间（Global Smart Space）。

将传感器应用于物联网中可以构成无线自治网络（传感器网络），这种传感器网络感知技术综合了传感器技术、嵌入式技术、分布式信息处理技术、无线通信技术、MEMS技术等，构成能够嵌入任何物体的集成化微型传感器，协作进行待测数据的实时监测、采集，并将这些信息以无线的方式发送给观测者，从而实现"泛在"传感。

在传感器网络中，传感器节点可以具有端节点和路由的功能，即实现数据的采集和处理，并实现数据的融合和路由（综合本身采集的数据和收到的其他节点发送的数据，转发到其他网关节点）。

例如，无线温湿度监控系统由无线温湿度变送器、无线网关、监控中心（上位机服务器）等组成。其中无线温湿度变送器将采集到的实时数据周期性（或按其他时间或事件、条件规则）通过无线传感器网络传输到无线中继器，无线中继器再将数据通过无线传感器网络转发给无线网关，无线网关最终将接收到的信息通过 GSM/GPRS/3G/4G 网络或者有线网络（以太网/RS-485/RS-232C）等上传到监控中心（也可能/可以是私有/本地或一般意义上的大数据处理中心或云计算中心等），由运行于监控中心的监控软件进行数据存储、分析、显示和处理。如果上报的温湿度数据超过限位值，或者无线温湿度变送器的电池出现电量不足等异常情况，监控软件将会进行多种手段的报警提示或动态优化等。

无线温湿度监控系统如图 2—3—1 所示。

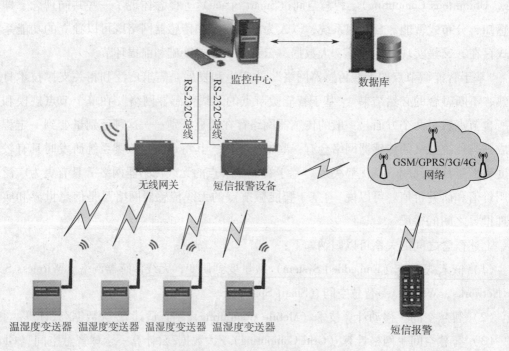

图 2—3—1　无线温湿度监控系统

3. 感知技术系统平台基本训练

根据实训内容的要求，进行以下实操。

（1）用户管理与系统登录

系统软件分两级管理权限：管理员级和普通用户级。管理员级用户可使用监控软件所有功能，普通用户除了没有"系统管理"部分"用户管理"和"数据库"权限，其他功能均能使用。

用户启动系统软件后会出现登录界面，如图2—3—2所示。

图2—3—2　系统登录界面

系统初始化后有两个账号：默认管理员级用户名为"admin"，初始密码为"admin"；默认普通用户名为"user"，初始密码为"1234"。

以下以管理员级用户为例进行实操说明。

1）系统管理员在第一次打开监控软件串口时需要配置一次串口名称和波特率，可进行增加、删除、清除和应用操作。

2）设置好的串口名称和波特率将在下次打开监控软件时保持，如2—3—3所示。

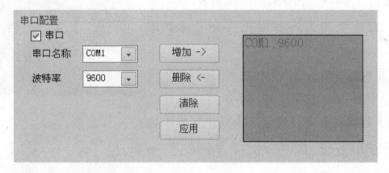

图2—3—3　串口配置

3）管理员可在此处更改管理员和普通用户密码，如图2—3—4所示。

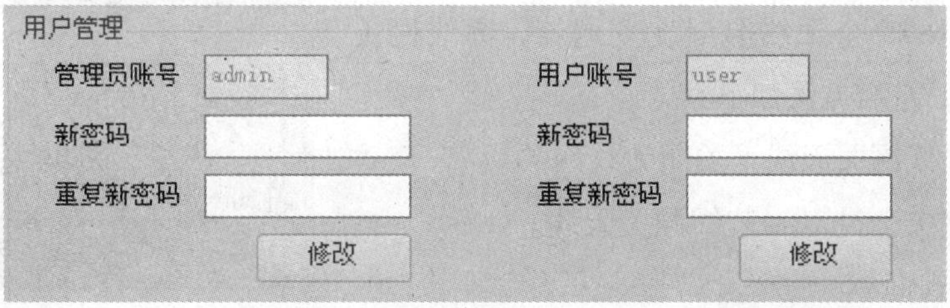

图2—3—4　用户管理

4）网关的状态查询功能可以查询当前网关是否工作正常。正常情况下，如果单击"状态查询"按钮，将会显示"网关状态正常"，如图2—3—5所示。

图2—3—5　状态查询

（2）节点管理

管理员可以修改节点ID号。将要修改的ID号的无线温湿度变送器放置在网关附近，以便观察其屏幕显示状态。

在监控系统软件中设置"节点ID""修改为""睡眠时间"所对应的信息，节点ID为当前要修改的无线温湿度变送器的ID号，如图2—3—6所示：当前ID号为"11"，需将它改为"10"，睡眠时间设置为"1分钟"（此处睡眠时间是指数据发送周期）。

图2—3—6　节点管理

修改无线温湿度变送器ID号的步骤如下：

1）开启要修改的无线温湿度变送器，如图2—3—7所示。

2）上一排小数字显示当前ID号，下排数字出现温度值。若没有显示电池符号时，单击监控软件的"修改"按钮，屏幕将会交替显示3次（上一排小数字交替显示更新ID号和"000"3次），如图2—3—8所示。

图2—3—7　屏幕显示

3）无线温湿度变送器将会重启一次。

4）ID号修改完成。

大概每更改15个无线温湿度变送器，无线网关需要重启一次，重启方法如下：

1）取下无线网关天线，关闭无线网关。

2）打开网关，过10 s装回网关天线。

（3）节点查询

节点查询是检测当前接入网络的无线中继器和无

图2—3—8　修改后屏幕显示

线温湿度变送器是否正常联入网络，如图2—3—9所示。

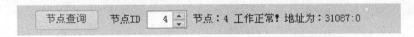

图2—3—9 节点查询

在"节点ID"后面的微调按钮中设置待查询的无线温湿度变送器或者无线中继器ID号，单击"节点查询"按钮，将显示该机的工作状态。

（4）报警管理

报警配置包括报警阈值、报警允许、节点上报超时时间、报警方式的设置。

本系统软件分为3种报警方式：对话框报警、声光报警、短信报警，如图2—3—10所示。

选中"对话框报警"复选框，如果有温湿度超界、无线温湿度变送器掉网等情况发生，将会弹出"警报"对话框，如图2—3—11所示。

图2—3—10 报警方式

图2—3—11 "警报"对话框

选中"声光报警"复选框，如果有温湿度超界、无线温湿度变送器掉网等情况发生，声光报警器将会以声光方式报警。

选中"短信报警"复选框，此时"短信串口配置"栏里的参数即可编辑，如图2—3—12所示。

1）确定短信报警设备连接的串口号，例如，串口号为COM4接口，"串口名称"就选择"COM4"。

2）"波特率"选择"9600"。

3）"短信间隔"按照用户需求选择。

4）短信报警电话用户可填写5个备用号码。

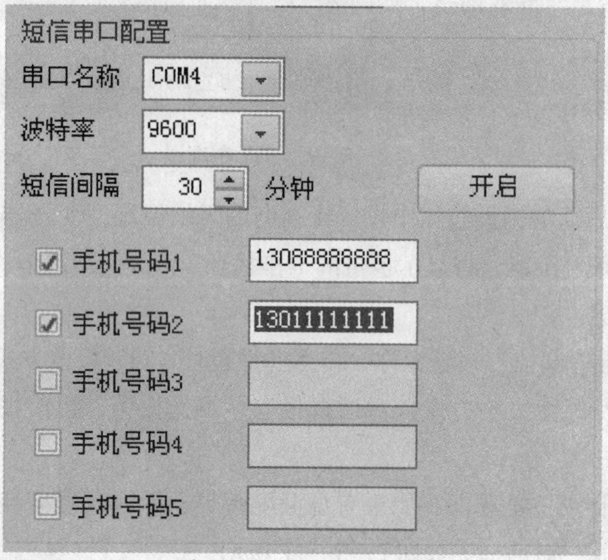

图 2—3—12　短信串口配置

短信报警过程如下。

当有无线温湿度变送器温度超过限位值，并且连续超过设定的报警阈值时，10 s 内短信报警设备就会第一次将此无线温湿度变送器的报警信息发送到指定手机。

报警短信内容实例如下：

ID：4 T：9.9 H：75

MinT：－10 MaxT：9

MinH：10 MaxH：100

对应的含义为当前报警设备 ID 号为 4，当前温度为 9.9℃，当前湿度为 75%；当前设备设置的温度下限值为－10℃；温度上限值为 9℃；湿度下限值为 10%，湿度上限值为 100%。

如果当前温度超过了温度上限值（9℃），那么指定手机就会收到此报警短信。此无线温湿度变送器将按照"短信间隔"周期性地发送短信直到所测环境温度处于正常范围内。

（5）数据转发管理

数据转发为服务器所在局域网内安装物联网无线温湿度监控软件客户端版的计算机提供实时在线观测现场数据的功能，如图 2—3—13 所示。

选中"开启"复选框，本机局域网 IP 将会自动检测出服务器自身 IP，本地端口默认为"6789"，广播端口默认为"7980"，数据转发功能即开启完成。

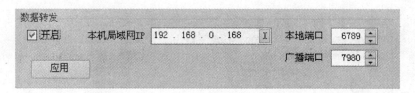

图 2—3—13 数据转发

第一次安装监控软件时数据库要进行初始化，以后每次打开监控软件就不需要再单击"数据初始化"按钮。

单击"连接测试"按钮可以测试当前监控软件是否能与数据库连接成功。

单击"清空数据"按钮将会清除掉当前监控软件保存的所有历史数据。

单击"备份数据"按钮可以对历史数据进行备份，如图 2—3—14 所示。

图 2—3—14 备份数据

选择保存路径，输入保存文件名，单击"保存"按钮即可。

1）单击"恢复数据"按钮可对历史数据进行恢复，如图 2—3—15 所示。

2）选择之前备份的数据库路径，单击"打开"按钮进行数据恢复，出现提示窗口，如图 2—3—16 所示。

3）单击"确定"按钮，弹出提示窗口，如图 2—3—17 所示。

4）单击"确定"按钮完成数据库恢复。

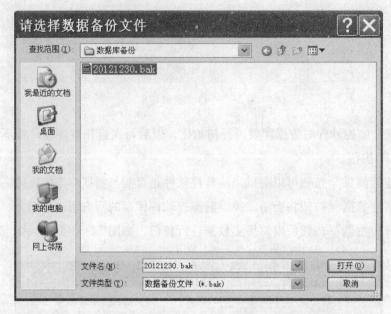

图 2—3—15 恢复数据

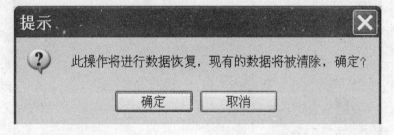

图 2—3—16 提示框

4. 感知技术系统平台提高训练

根据实训内容的要求，进行以下实操。

此监控软件的"地图编辑"功能模块可较好实现用户对确认传感器节点空间位置的需求。

用户能够方便地载入自定义地图，设定各无线温湿度变送器位置、门限值等参数，从而方便地观测各监控点位的温度和位置，实现在发生突发情况时迅速定位异常状态点和故障地点等功能。

（1）导入背景

"地图编辑"菜单如图 2—3—18 所示。在图 2—3—18 中选择"地图编辑"选项卡，选择"导入背景"命令，再选择路径，将做好的地图背景图导入监控软件。

图 2—3—17 数据恢复成功提示

图 2—3—18　地图编辑

（2）装载地图

此功能是装载事先已经编辑好的温度节点配置数据。如果重新安装本监控软件，可以在选择了"导入背景"按钮后，再单击"装载地图"按钮，选择之前备份的 DataFile. dat 文件，之前系统设置好的节点配置数据就会恢复出来。

（3）节点配置与管理

1）新增节点。"新增节点"可以设置无线温湿度变送器的温度报警门限值、电量限位值等，如图 2—3—19 所示。

图 2—3—19　新增节点

单击"确定"按钮后，在地图左上角会出现配置数据，如图 2—3—20 所示。

选中此配置数据可以拖动其到指定监控位置，从而可以迅速定位各个节点所在位置，方便查找。

2）修改节点。选中配置数据，单击"修改节点"按钮，可以修改温湿度变送器配置的基本信息和报警配置。

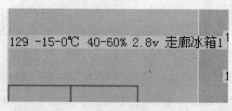

图2—3—20　配置数据

3）删除节点。删除节点功能可以删除不需要的温湿度变送器基本信息和报警配置。

注意：在地图编辑中，节点数据在新增、修改或者删除后，需要单击"保存地图"按钮。

（4）综合信息查询与显示

1）地图相关信息查询。单击"在线地图监测"按钮（见图2—3—21），出现"在线地图监测"界面，如图2—3—22所示。

图2—3—21　"在线地图监测"按钮

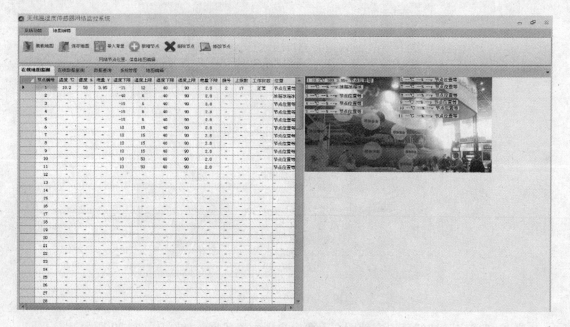

图2—3—22　"在线地图监测"界面

左边数据区域将会显示所有温湿度变送器当前上报数据以及配置数据，右边区域将会显示地图编辑保存后的温度数据。

当有温度超界时，左边数据区域以及右边地图区域将会出现红色背景提示。

如图 2—3—23 所示，双击右边地图区域，地图将会最大化，隐藏实时数据显示表格，再次双击地图区域，将恢复原来的显示方式。

图 2—3—23　地图及实时数据界面

单击"在线数据监测"按钮（见图 2—3—24），出现"在线数据监测"界面，如图 2—3—25 所示。

在"当前在线监测的节点编号"中输入一个温湿度变送器 ID 号，单击"设置"按钮，在该节点的下一帧数据包到来时，温度将会实时显示在温度曲线图和仿真图上。

在线数据监测

图 2—3—24　"在线
数据监测"按钮

2）数据相关信息查询。数据查询功能可以查询历史数据，按照查询类别可分为节点温湿度查询、报警数据查询、操作记录查询，针对数据查询结果还可以打印、导出历史记录。

单击"历史数据查询"按钮（见图 2—3—26），将会出现"历史数据查询"界面，在"节点编号"处填入指定温湿度变送器 ID 号，查询类别选择"节点温湿度"，可以查询不同时段指定温湿度变送器的数据。

在"节点编号"处填入 0，选择不同时段，可以查询不同时段的所有节点的数据；单击"表格"按钮，将会以表格方式显示数据，单击"曲线"按钮；将会以曲线图的方式显示历史数据，如图 2—3—27 和图 2—3—28 所示。

图 2—3—25　“在线数据监测”界面

图 2—3—26　“历史数据查询”按钮

采集时间	节点编号	温度 ℃	湿度 %	电池电量 V
2012-12-30 17:40	1	10.5	42.8	3.95
2012-12-30 17:41	1	10.4	41.0	3.95
2012-12-30 17:42	1	10.8	45.3	3.95
2012-12-30 17:43	1	10.9	44.5	3.95
2012-12-30 17:44	1	10.9	41.9	3.95
2012-12-30 17:46	1	10.4	40.7	3.95
2012-12-30 17:47	1	10.7	47.5	3.95
2012-12-30 17:48	1	10.4	39.7	3.95
2012-12-30 17:49	1	10.5	47.0	3.95
2012-12-30 17:50	1	10.4	43.2	3.95
2012-12-30 17:51	1	10.2	42.7	3.95
2012-12-30 17:52	1	10.2	43.5	3.95
2012-12-30 17:53	1	10.3	41.6	3.95
2012-12-30 17:54	1	10.2	41.7	3.95
2012-12-30 17:55	1	10.6	44.8	3.95
2012-12-30 17:56	1	11.0	46.6	3.95
2012-12-30 17:56	1	11.0	46.6	3.95
2012-12-30 17:56	1	11.0	46.6	3.95
2012-12-30 17:56	1	11.0	46.8	3.95
2012-12-30 17:56	1	11.0	46.8	3.95
2012-12-30 17:57	1	11.1	40.9	3.95
2012-12-30 17:58	1	10.8	38.2	3.95
2012-12-30 17:59	1	10.3	38.0	3.95
2012-12-30 18:00	1	10.4	43.2	3.95
2012-12-30 18:01	1	10.7	45.8	3.95
2012-12-30 18:02	1	11.0	40.2	3.95

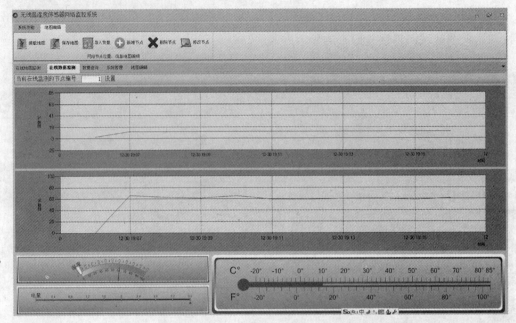

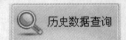

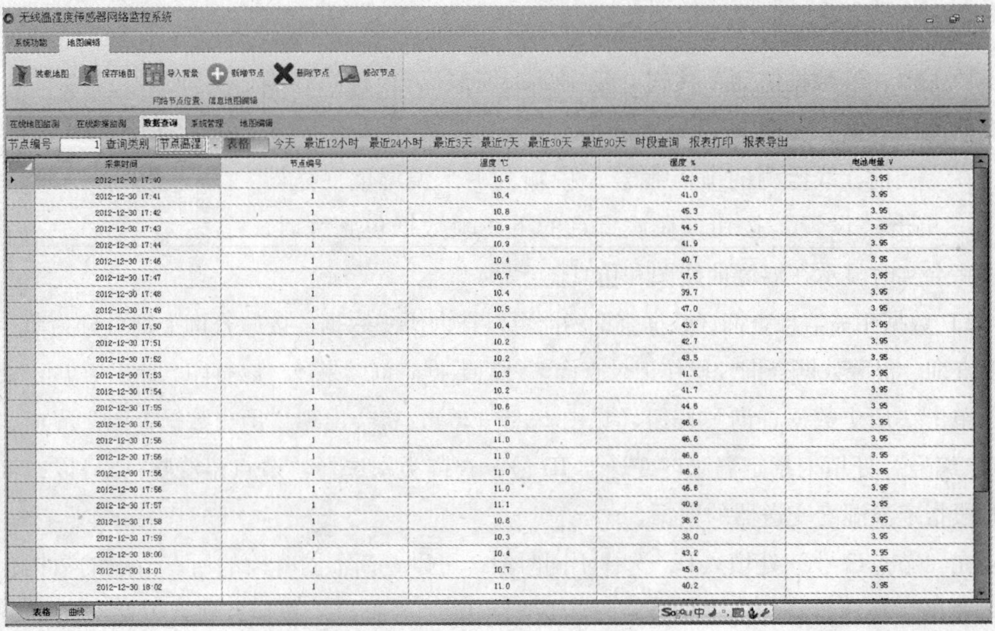

图 2—3—27　历史数据表格

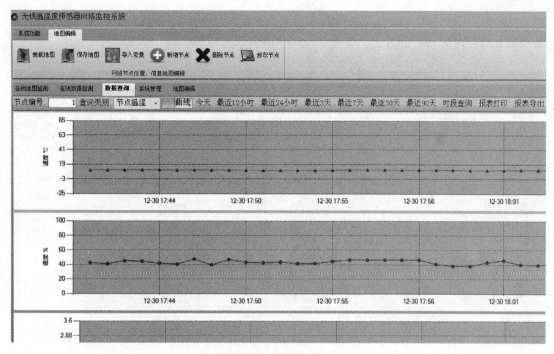

图 2—3—28　历史数据曲线图

如需查询报警历史数据，查询类别选择"报警数据"，其他操作可参考节点温湿度查询方式，如图 2—3—29 所示。

采集时间	节点编号	温度 ℃	湿度 %
2012-12-30 17:40	1	10.9	42.8
2012-12-30 17:41	1	10.4	41.0
2012-12-30 17:42	1	10.8	45.3
2012-12-30 17:43	1	10.9	44.5
2012-12-30 17:44	1	10.9	41.9
2012-12-30 17:46	1	10.4	40.7
2012-12-30 17:47	1	10.7	47.5
2012-12-30 17:48	1	10.4	39.7
2012-12-30 17:49	1	10.5	47.0
2012-12-30 17:50	1	10.4	43.2
2012-12-30 17:51	1	10.2	42.7
2012-12-30 17:52	1	10.2	43.5
2012-12-30 17:53	1	10.3	41.6
2012-12-30 17:54	1	10.2	41.7
2012-12-30 17:55	1	10.6	44.6
2012-12-30 17:56	1	11.0	46.6
2012-12-30 17:56	1	11.0	46.6
2012-12-30 17:56	1	11.0	46.6
2012-12-30 17:56	1	11.0	46.6
2012-12-30 17:56	1	11.0	46.6

图 2—3—29　报警历史数据

如需查询用户操作历史数据，查询类别选择"操作记录"；用户类型输入"1"，可查询"admin"的操作记录，用户类型输入"2"，可查询"user"的操作记录；其他操作可参考节点温湿度表格查询方式，如图2—3—30所示。

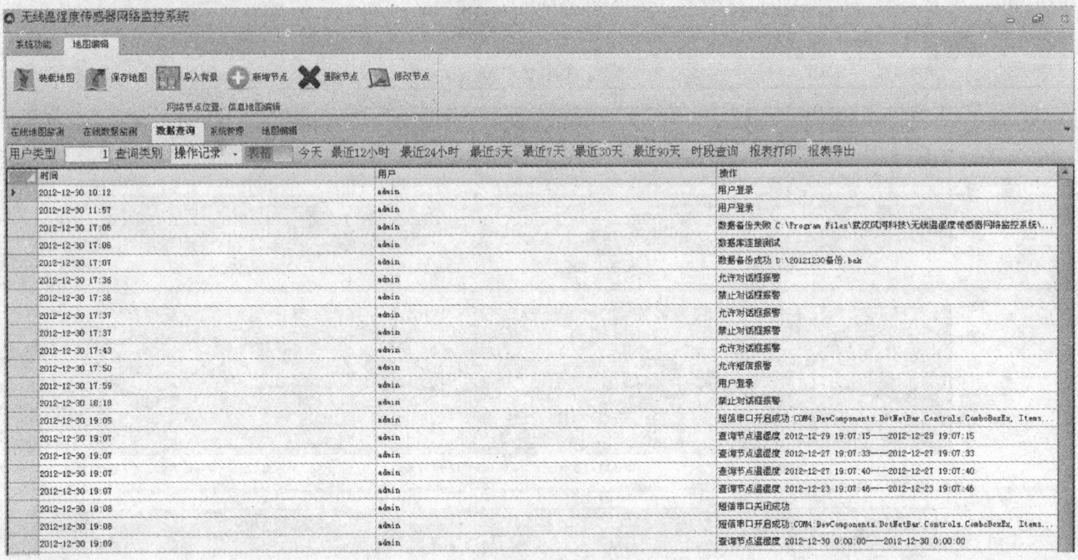

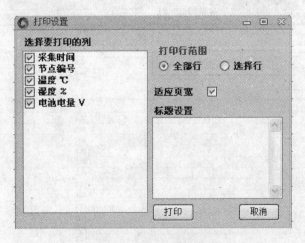

图2—3—30 用户操作历史数据

3）数据导出。用户按条件查询得到历史表格数据后，单击"报表导出"按钮可导出历史数据，将查询结果导出成EXCEL格式文件。

4）报表打印。单击"报表打印"按钮，出现"打印设置"界面，如图2—3—31所示。

图2—3—31 "打印设置"界面

在"标题设置"文本框中可以输入报表打印的标题，单击"打印"按钮，将会出现打印预览窗口，如图2—3—32所示。

温湿度数据打印   2012年9月7日 星期五 17:41

采集时间	节点编号	温度℃	湿度%	电池电量V
2012-8-30 18:42	116	32.4	63.9	3.39
2012-8-30 18:42	114	32.2	64	2.84
2012-8-30 18:42	113	31.9	64.3	3.36
2012-8-30 18:44	116	32.3	63.8	3.39
2012-8-30 18:44	114	32.2	63.8	2.84
2012-8-30 18:44	113	31.8	64.2	3.36
2012-8-30 18:45	116	32.3	64	3.39
2012-8-30 18:45	114	32.2	63.9	2.84
2012-8-30 18:45	113	31.8	64.6	3.36
2012-8-30 18:46	114	32.1	64.1	2.84
2012-8-30 18:46	116	32.3	64.2	3.39
2012-8-30 18:46	113	31.8	64.7	3.36
2012-8-30 18:47	116	32.2	64.4	3.39
2012-8-30 18:47	114	32.1	64.4	2.84
2012-8-30 18:47	113	31.8	64.8	3.36
2012-8-30 18:48	116	32.3	64.7	3.39
2012-8-30 18:48	114	32.1	64.9	2.84
2012-8-30 18:48	113	31.8	65	3.36
2012-8-30 18:49	116	32.3	64.3	3.39
2012-8-30 18:49	114	32.1	64.7	2.84
2012-8-30 18:49	114	32.1	64.3	2.84
2012-8-30 18:50	116	32.4	64.1	3.39
2012-8-30 18:50	113	31.8	64.5	3.36
2012-8-30 18:50	114	32.2	64.2	2.84
2012-8-30 18:51	116	32.4	64.1	3.39
2012-8-30 18:51	113	19.9	74.8	3.36
2012-8-30 19:11	113	31.5	64.8	3.36
2012-8-30 19:20	113	31.3	65.2	3.36
2012-8-30 19:21	114	31.9	63.9	2.84
2012-8-30 19:21	116	32.0	64.1	3.39
2012-8-30 19:21	113	31.3	65.5	3.36
2012-8-30 19:22	114	31.8	63.9	2.84
2012-8-30 19:23	116	31.9	64.4	3.39
2012-8-30 19:23	113	32.8	70.3	3.36
2012-8-30 19:23	114	31.8	64.7	2.84
2012-8-30 19:24	116	32.0	64.4	3.39
2012-8-30 19:24	113	19.9	70.1	3.36
2012-8-30 19:24	114	31.9	64.5	2.84
2012-8-30 19:25	116	32.0	64.7	3.39
2012-8-30 19:25	114	31.9	66.1	2.84

第 1 页，共 247 页

图 2—3—32 打印预览

如果要"选择行"打印，可以在打印之前，选择要打印的行，再单击"打印"按钮，如图 2—3—33 所示。

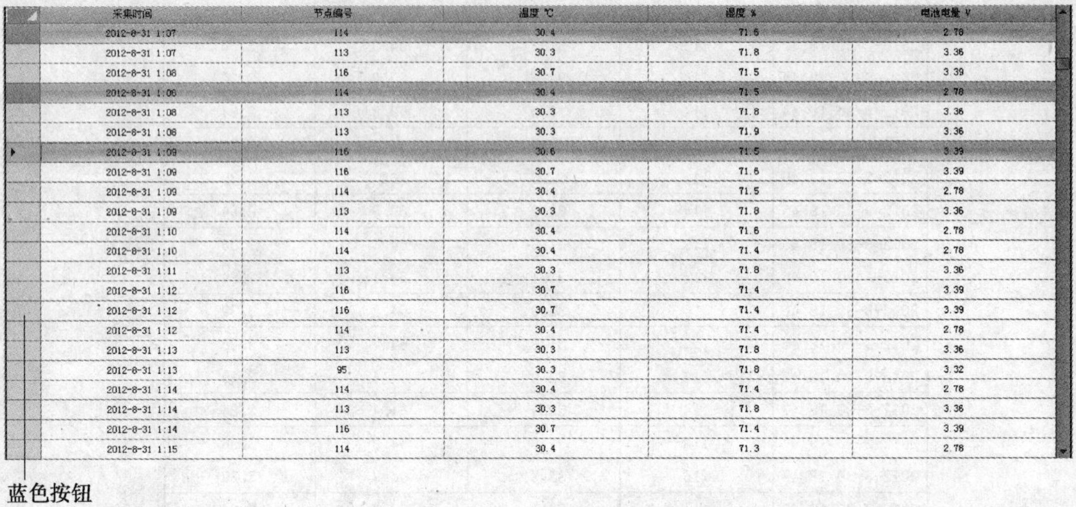

采集时间	节点编号	温度 ℃	湿度 %	电池电量 V
2012-8-31 1:07	114	30.4	71.9	2.78
2012-8-31 1:07	113	30.3	71.8	3.36
2012-8-31 1:08	116	30.7	71.5	3.39
2012-8-31 1:08	114	30.4	71.5	2.78
2012-8-31 1:08	113	30.3	71.8	3.36
2012-8-31 1:08	113	30.3	71.9	3.36
2012-8-31 1:09	116	30.6	71.5	3.39
2012-8-31 1:09	116	30.7	71.6	3.39
2012-8-31 1:09	114	30.4	71.5	2.78
2012-8-31 1:09	113	30.3	71.8	3.36
2012-8-31 1:10	116	30.4	71.6	2.78
2012-8-31 1:10	114	30.4	71.4	2.78
2012-8-31 1:11	113	30.3	71.8	3.36
2012-8-31 1:12	116	30.7	71.4	3.39
2012-8-31 1:12	116	30.4	71.4	2.78
2012-8-31 1:13	113	30.3	71.8	3.36
2012-8-31 1:13	95	30.3	71.8	3.32
2012-8-31 1:14	114	30.4	71.4	2.78
2012-8-31 1:14	113	30.3	71.8	3.36
2012-8-31 1:14	116	30.7	71.4	3.39
2012-8-31 1:15	114	30.4	71.3	2.78

蓝色按钮

图 2—3—33 "选择行"打印界面

如果选多行时，可以按住键盘上的"Ctrl"键，在左边蓝色方框处单击鼠标即可选多行。

思考练习

1．填空题

（1）RFID 标签按标签供电方式可分为 ＿＿＿＿＿＿、＿＿＿＿＿＿、＿＿＿＿＿＿。

（2）无线温湿度监控实训系统报警方式有 ＿＿＿＿＿＿、＿＿＿＿＿＿、＿＿＿＿＿＿
三种。

2．简答题

（1）阐述 RFID 的工作原理。

（2）阐述 ZigBee 协议栈的概念。

3．拓展训练题

采用 AM2321 温湿度传感器，设计一个基于 Z－Stack 的无线数据传输程序。

综合评估

1. 评分表

序号	评分项目	配分	评分标准	扣分	得分
1	思考练习	40	2 道填空题，每空 2 分，共 12 分 2 道简答题，每题 5 分，共 10 分 1 道拓展训练题，共 18 分		
2	实训操作	40	5 道实训题，每题 8 分 根据操作步骤是否符合要求酌情给分		
3	安全操作	15	违反操作规定扣 5 分 操作完毕不整理扣 5 分 造成设备损坏和人身安全事故不得分		
4	纪律遵守	5	迟到、早退每次扣 0.5 分 旷课每次扣 2 分 上课喧哗、聊天每次扣 2 分 扣完为止		
	总分	100			

2. 自主分析

学员自主分析：

项目三

物联网在资产管理领域的应用

任务一　RFID 标签写卡与打印

一、任务目标

1. 掌握 RFID 标签写卡的方法。

2. 掌握 RFID 标签打印的方法。

二、任务前准备

1. 教师课前准备

教学用具：授课计划、纸质及电子教案、课件、黑板、粉笔、多媒体设备等。

教学管理资料：实训成绩评价标准、实训室使用记录表、仪器设备维护保养卡等。

训练用具：实训台（含计算机）、RFID 开发套件、资产管理平台、工具箱（包括螺钉旋具、尖嘴钳、万用表、镊子等）、实训教程，见表 3—1—1。

2. 学员课前准备

理论知识点准备：RFID 标签写卡的方法；RFID 标签打印的方法。

教材及学习用具：物联网相关教学资料（含视频、PPT 等）、实训教程、笔记本、笔。

表 3—1—1 训练用具清单

序号	类别	名称	数量
1	设备	实训台（含计算机）	1 套
2	平台	RFID 开发套件	1 套
3	软件	资产管理平台	1 套
4	工具	工具箱（包括螺钉旋具、尖嘴钳、万用表、锤子等）	1 套
5	资料	实训教程	1 套

三、任务内容

1. 固定扫描系统认知。

2. 打印 RFID 标签。

根据 WMS 创建的采购订单，打印商品的 RFID 标签，整件标签格式为 Z＊＊＊＊＊＊＊＊，零散标签格式为 S＊＊＊＊＊＊＊。模拟供应商打印标签并贴于商品包装上，在物流中心进行快速收货，并打印 RFID 格式的周转箱标签。

四、任务实施

1. 固定扫描系统认知

（1）数据采集

服务器通信如图 3—1—1 所示。

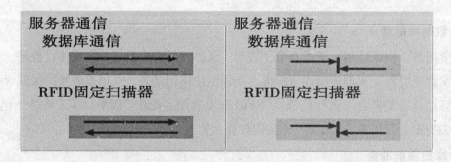

图 3—1—1 服务器通信

图 3—1—1 中，数据库通信状态如下：

1）通信正常：双向箭头表示。

2）通信失败：箭头被隔开表示。

RFID 固定扫描器状态如图 3—1—1 所示。

1）连接成功：双向箭头表示。

2）连接断开：箭头被隔开表示。

连接参数设置如下（见图3—1—2）：

1）"tcp：//"表示连接方式通过IP连接。

2）"169.254.1.1"指定RFID设备的IP。

3）连接设备。可以根据指定IP连接到RFID设备。

4）断开连接。可以断开系统到RFID设备的连接。

5）启动时钟。启动设备自动采集，可采集扫描范围内的RFID标签。

6）关闭时钟。停止设备的自动采集。

"数据列表"界面，如图3—1—3所示。

（2）控制台信息

记录操作信息，返回操作数据结果，如图3—1—4所示。

图3—1—2 连接参数

2. 打印RFID标签

根据实训内容的要求，进行以下实操。

图3—1—3 "数据列表"界面

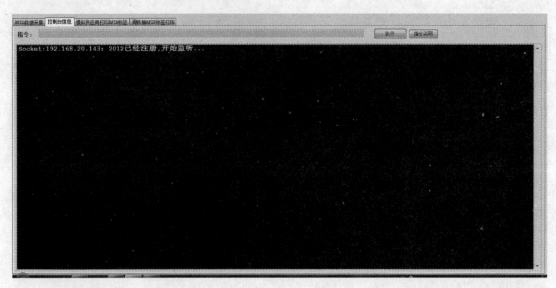

图 3—1—4 控制台信息

（1）模拟供应商打印 RFID 标签

模拟供应商打印 RFID 标签，如图 3—1—5 所示。

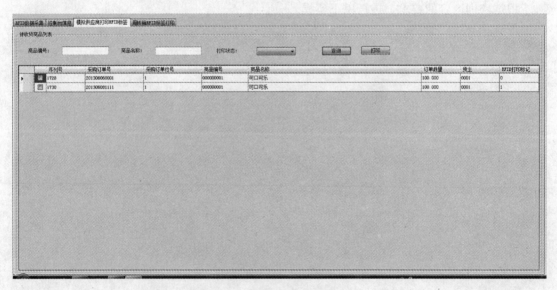

图 3—1—5 模拟供应商打印 RFID 标签

打印提示（见图 3—1—6）由于件包装率过小，换算出的件数较大时，可在 WMS 系统中"系统管理"→"系统数据维护"→"包装维护"里修改整件级包装单位（包装单位为 3）的换算率（包装入数为 3），1 件（箱）=包装入数 3 个基本单位数量（EA）。

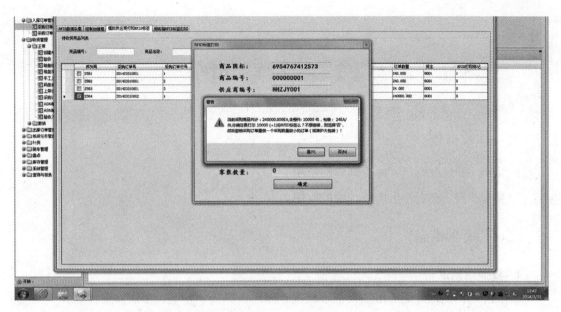

图 3—1—6 打印提示

（2）周转箱 RFID 标签打印

输入周转箱号码，单击"打印"按钮，打印 RFID 格式的周转箱标签，如图 3—1—7
所示。

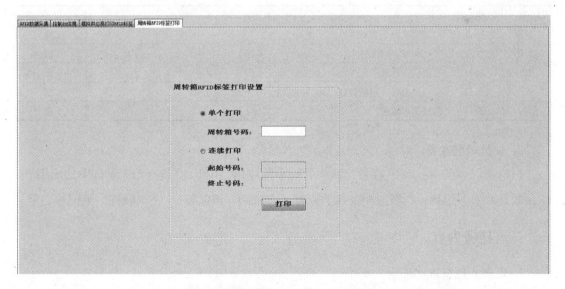

图 3—1—7 周转箱 RFID 标签打印设置

任务二　入库与出库

一、任务目标

1. 掌握 RFID 在资产入库管理中的应用。

2. 掌握 RFID 在资产出库管理中的应用。

二、任务前准备

1. 教师课前准备

教学用具：授课计划、纸质及电子教案、课件、黑板、粉笔、多媒体设备等。

教学管理资料：实训成绩评价标准、实训室使用记录表、仪器设备维护保养卡等。

训练用具：实训台（含计算机）、RFID 开发套件、资产管理平台、工具箱（包括螺钉旋具、尖嘴钳、万用表、镊子等）、实训教程，见表 3—2—1。

表 3—2—1　　　　　　　　　　　训练用具清单

序号	类别	名称	数量
1	设备	实训台（含计算机）	1 套
2	平台	RFID 开发套件	1 套
3	软件	资产管理平台	1 套
4	工具	工具箱（包括螺钉旋具、尖嘴钳、万用表、镊子等）	1 套
5	资料	实训教程	1 套

2. 学员课前准备

理论知识点准备：RFID 在资产入库管理中的应用；RFID 在资产出库管理中的应用。

教材及学习用具：物联网相关教学资料（含视频、PPT 等）、实训教程、笔记本、笔。

三、任务内容

1. 资产入库管理。

新建采购入库单界面，填写相关信息，生成一个入库单，完成资产入库。

2. 资产出库管理。

新建物资申请单界面，填写相关信息，生成一个出库单，完成资产出库。

四、任务实施

1. 资产入库管理

根据实训内容的要求，完成以下实操。

打开"HT_物资管理实训系统"，登录后，选择菜单中的"入库管理"→"入库"。单击"开启入库读卡器"按钮，弹出"新建采购入库单"对话框，此时入库读写器自动扫描附近未入库的标签（货物），显示在"设备明细"里，如图3—2—1所示。

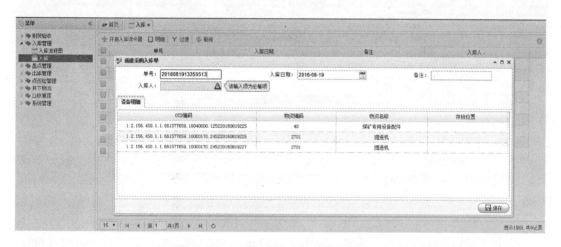

图3—2—1　"新建采购入库单"对话框

输入入库人、存放位置等信息，单击"保存"按钮，生成一个入库单，完成资产入库，如图3—2—2所示。

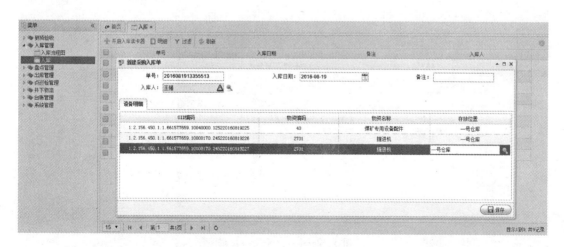

图3—2—2　入库设备扫描

2. 资产出库管理

根据实训内容的要求，完成以下实操。

打开"HT_物资管理实训系统"，选择菜单中的"出库管理"→"物资申请单"。单击"新建"按钮，弹出"新建物资申请单"对话框，在此填写相关信息，单击"保存"按钮，生成一个出库申请单，如图3—2—3所示。

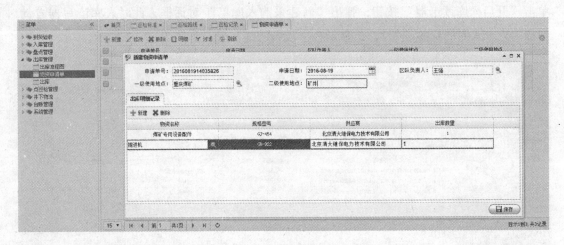

图3—2—3 "新建物资单"对话框

单击"开启出库读卡器"按钮，弹出"新建出库单"对话框，页面左侧可以查询申请出库单的明细，右侧是读写器扫描到的标签信息。单击"保存"按钮，完成设备物资的出库，如图3—2—4所示。

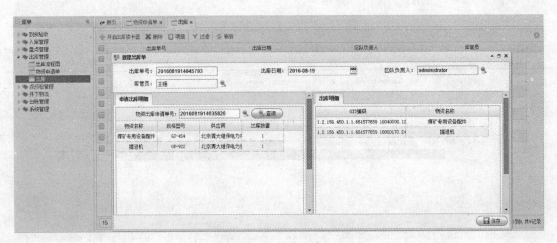

图3—2—4 出库设备扫描

任务三　点巡检与盘点

一、任务目标

1. 掌握 RFID 在资产点巡检中的应用。

2. 掌握 RFID 在资产盘点中的应用。

二、任务前准备

1. 教师课前准备

教学用具：授课计划、纸质及电子教案、课件、黑板、粉笔、多媒体设备等。

教学管理资料：实训成绩评价标准、实训室使用记录表、仪器设备维护保养卡等。

训练用具：实训台（含计算机）、RFID 开发套件、资产管理平台、工具箱（包括螺钉旋具、尖嘴钳、万用表、镊子等）、实训教程，见表 3—3—1。

表 3—3—1　　　　　　　　　　　训练用具清单

序号	类别	名称	数量
1	设备	实训台（含计算机）	1 套
2	平台	RFID 开发套件	1 套
3	软件	资产管理平台	1 套
4	工具	工具箱（包括螺钉旋具、尖嘴钳、万用表、镊子等）	1 套
5	资料	实训教程	1 套

2. 学员课前准备

理论知识点准备：RFID 在资产点巡检中的应用；RFID 在资产盘点中的应用。

教材及学习用具：物联网相关教学资料（含视频、PPT 等）、实训教程、笔记本、笔。

三、任务内容

1. 点检管理。

手持设备端根据点检任务点检相应资产，生成点检记录。

2. 巡检管理。

手持设备端根据巡检任务巡检相应资产，生成巡检记录。

3. 盘点管理。

手持设备端根据盘点任务盘点相应资产，生成盘点记录。

四、任务实施

1. 点检管理

根据实训内容的要求，进行以下实操。

打开"HT_物资管理实训系统"，选择菜单中的"点巡检管理"→"点检标准"。选择图3—3—1中所示的资产，单击"新建"按钮，在弹出的"新建点检标准"对话框中输入相关信息，单击"保存"按钮，为该资产成功设置一个点检标准，如图3—3—1所示。

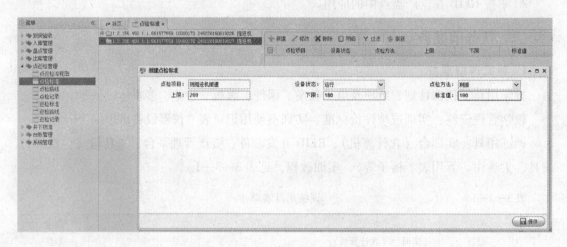

图3—3—1 "新建点检标准"对话框

选择菜单中的"点巡检管理"→"点检路线"。单击"新建"按钮，在弹出的"新建点检路线"对话框中输入相关信息，单击"保存"按钮，生成一个点检路线，如图3—3—2所示。

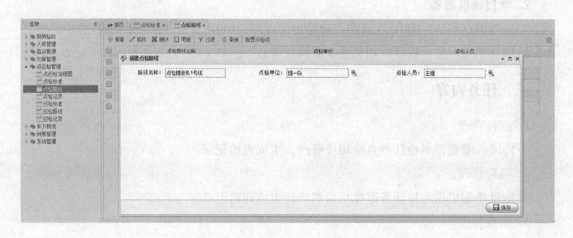

图3—3—2 "新建点检路线"对话框

选择刚生成的点检路线，单击"配置点检点"按钮，在弹出的"点检设备"对话框中选择要点检的资产（注：资产已设置了点检标准），单击"保存"按钮，此时手持设备会收到一个点检任务，如图3—3—3所示。

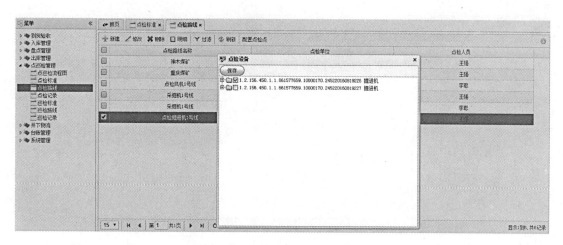

图3—3—3　配置点检点

手持设备根据点检任务点检相应资产，产生相关结果，单击"确定"按钮，生成一条点检记录，如图3—3—4所示。

图3—3—4　点检记录

2. 巡检管理

根据实训内容的要求，进行以下实操。

打开"HT_物资管理实训系统"，选择菜单中的"点巡检管理"→"巡检标准"。选择图 3—3—5 中所示的资产，单击"新建"按钮，在弹出的"新建巡检标准"对话框中输入相关信息，单击"保存"按钮，为该资产成功设置一个巡检标准，如图 3—3—5 所示。

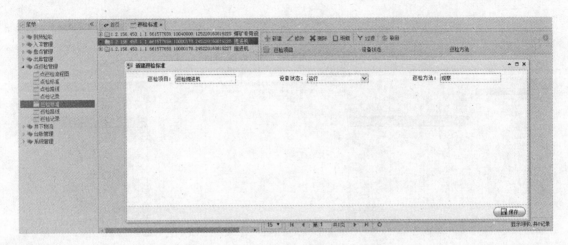

图 3—3—5　"新建巡检标准"对话框

选择菜单中的"点巡检管理"→"巡检路线"。单击"新建"按钮，在弹出的"新建巡检路线"对话框中输入相关信息，单击"保存"按钮，生成一条巡检路线，如图 3—3—6 所示。

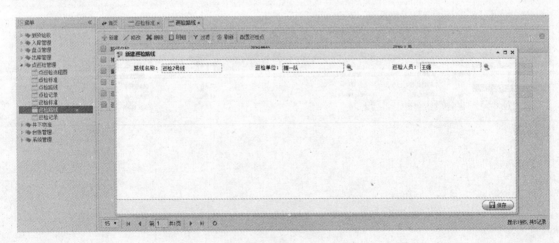

图 3—3—6　新建巡检路线

选择刚生成的巡检路线，单击"配置巡检点"按钮，在弹出的"巡检设备"对话框中选择要巡检的资产（注：资产已设置了巡检标准），单击"保存"按钮，此时手持设备会收到一个巡检任务，如图 3—3—7 所示。

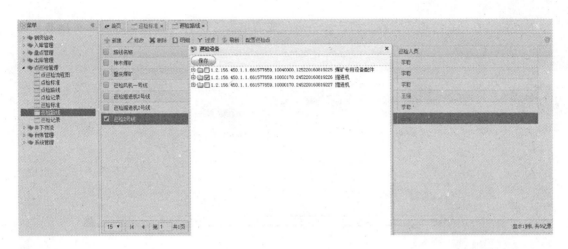

图 3—3—7　配置巡检点

手持设备根据巡检任务巡检相应资产，产生相关结果，单击"确定"按钮，生成一条巡检记录，如图 3—3—8 所示。

巡检路线名称	巡检单位	巡检人员	巡检设备	巡检项目	巡检记录
神木煤矿	神木煤矿机电科	李聪	特种风机	特种风机	正常
神木煤矿	神木煤矿机电科	李聪	钢轨	钢轨	正常
神木煤矿	神木煤矿机电科	李聪	电刷及配件	电刷及配件	正常
重庆煤矿	掘一队	李聪	弹簧	弹簧	正常
重庆煤矿	掘一队	李聪	导轨润滑油	导轨润滑油	正常
巡检风机一号线	矿区机电科	李聪	隔爆风机	视察风机表面破损	正常
巡检掘进机2号线	掘一队	王强	掘进机	巡检掘进机	正常
巡检2号线	掘一队	王强	掘进机	巡检掘进机	正常

图 3—3—8　巡检记录

3. 盘点管理

根据实训内容的要求，进行以下实操。

打开"HT_物资管理实训系统"，选择菜单中的"盘点管理"→"盘点计划"。单击"新建"按钮，在弹出的"新建盘点任务"对话框中输入相关信息，单击"保存"按钮，新建一个盘点计划，如图 3—3—9 所示。

选中刚生成的盘点计划，单击"生成盘点任务"按钮，生成一条盘点计划。在左侧的菜单中单击"盘点计划"选项，可以看到刚生成的盘点任务，如图 3—3—10 所示。

单击菜单中的"待盘点任务"按钮，可以看到所有未盘点任务列表。此时打开手持设备上的"盘点"，会列出所有未盘点的任务，选择其中一条任务，查看详情。根据详情显示的库位信息到相应地点去盘点资产，盘点完成后单击"保存"按钮，完成此次盘点，如图 3—3—11 所示。

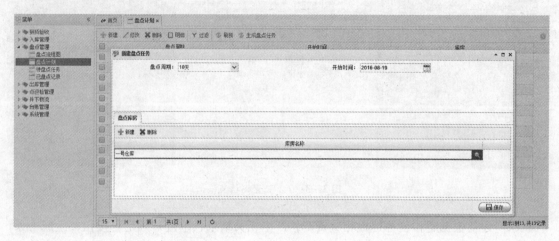

图 3—3—9 "新建盘点任务"对话框

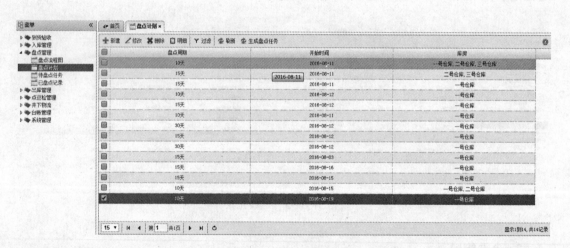

图 3—3—10 生成盘点计划

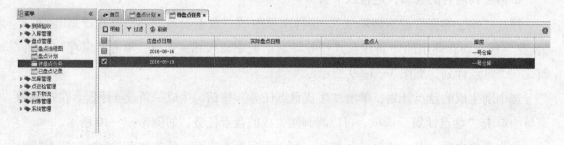

图 3—3—11 待盘点任务

操作完成，选择菜单中的"已盘点记录"，显示已盘点记录列表，这里显示所有已盘点的任务记录。单击"已盘点记录"中的"明细"按钮，可以查看对应盘点的明细，包括 OID 编码、库存等信息。若某资产在库中未盘点到，对应记录会显示红色，如图3—3—12 所示。

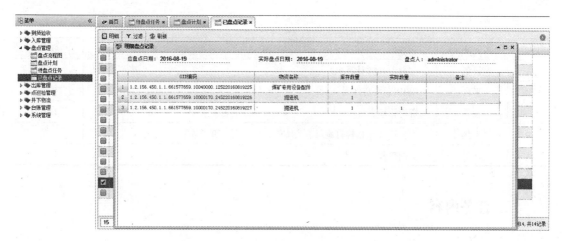

图 3—3—12　盘点状态显示

任务四　门禁与报警

一、任务目标

1. 掌握 RFID 在门禁和报警系统中的应用。

2. 掌握 RFID 标签在远距离通信中的应用。

3. 掌握 RFID 标签在物资管理中异常出库的应用。

二、任务前准备

1. 教师课前准备

教学用具：授课计划、纸质及电子教案、课件、黑板、粉笔、多媒体设备等。

教学管理资料：实训成绩评价标准、实训室使用记录表、仪器设备维护保养卡等。

训练用具：实训台（含计算机）、RFID 开发套件、资产管理平台、工具箱（包括螺钉旋具、尖嘴钳、万用表、镊子等）、实训教程，见表 3—4—1。

2. 学员课前准备

理论知识点准备：RFID 在门禁和报警系统中的应用；RFID 标签在远距离通信中的应用。

教材及学习用具：物联网相关教学资料（含视频、PPT 等）、实训教程、笔记本、笔。

表 3—4—1　　　　　　　　　　　训练用具清单

序号	类别	名称	数量
1	设备	实训台（含计算机）	1 套
2	平台	RFID 开发套件	1 套
3	软件	资产管理平台	1 套
4	工具	工具箱（包括螺钉旋具、尖嘴钳、万用表、镊子等）	1 套
5	资料	实训教程	1 套

三、任务内容

1. 门禁管理。

模拟领导莅临指导的场景，读写器扫描到标签信息后，显示在大屏幕上。

2. 报警管理。

模拟异常出库情景，系统自动检测物资异常出库，在大屏幕上显示并报警。

四、任务实施

1. 门禁管理

RFID 标签应用于门禁系统，可以实现人员识别，识别工作无须人工干预。

根据实训内容的要求，进行以下实操。

打开"HT_物资管理实训系统"，在浏览器中输入内网 IP 地址，登录系统，配置读写器，配置步骤如下：

（1）通过路由器设置门禁读写器 IP 地址。

（2）配置读写器参数，设置频段为"800 ~ 925 Hz，China"。

（3）通过系统配置 RFID 标签码对应的人员职位名称。

佩戴存有身份信息 RFID 标签的相关人员走近门禁读写器，读写器扫描到标签信息后，在门口的大屏幕显示器上显示对应人员的身份信息（或其他定制信息），如图 3—4—1 所示。而且，当识别到的信息为合规人员的信息时，门禁控制系统便会打开电控锁，从而开放门禁。

图 3—4—1　门禁显示界面

2. 报警管理

RFID 标签应用于报警系统，可以对物资进行独立跟踪或定位，防止物资丢失或被盗。根据实训内容的要求，进行以下实操。

打开"HT_物资管理实训系统"，在浏览器中输入内网 IP 地址，登录系统，配置读写器，配置步骤如下：

（1）通过路由器设置报警读写器 IP 地址。

（2）配置读写器参数，设置频段为"800 ~ 925 Hz，China"。

连接好读写器后，打开异常报警应用程序，模拟异常出库情景：未经出库操作的库存物资被带出库房，系统自动检测到有物资异常出库，会在大屏幕显示器上显示，如图 3—4—2 所示；同时发出警报声，提示库管员有异常出库或其他相关问题。

图 3—4—2　警报界面

出现异常出库时，"HT_物资管理实训系统"可以进行记录以供查询等后续操作。在系统菜单栏中单击"系统管理"→"异常出库"，查看异常出库记录，如图 3—4—3 所示。

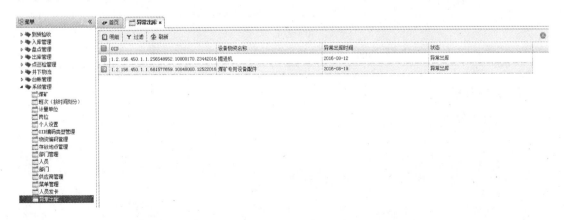

图 3—4—3　异常出库记录

81

思考练习

1. 简答题

基于 RFID 的资产管理所涉及的典型业务流程包括哪些?

2. 拓展训练题

（1）新建物资申请单界面，填写相关信息，生成一个智能手机出库单，完成出库。

（2）手持设备根据点检任务点检手机生产一号线，生成一条点检记录。

（3）模拟智能手机异常出库情景，系统自动检测物资异常出库，在大屏幕上显示并报警。

综合评估

1. 评分表

序号	评分项目	配分	评分标准	扣分	得分
1	思考练习	20	1 道简答题，共 5 分 3 道拓展训练题，每题 5 分，共 15 分		
2	实训操作	40	8 道实训操作题，每题 5 分，共 40 分 根据操作步骤是否符合要求酌情给分		
3	安全操作	15	违反操作规定扣 5 分 操作完毕不整理扣 5 分 造成设备损坏和人身安全事故不得分		
4	纪律遵守	25	迟到、早退每次扣 0.5 分 旷课每次扣 2 分 上课喧哗、聊天每次扣 2 分 扣完为止		
	总分	100			

2. 自主分析

学员自主分析：

项目四

物联网在生产物流领域的应用

任务一 物流及其相关概念和 FlexSim 软件认知

一、任务目标

1. 理解物流及其相关概念。

2. 掌握 FlexSim 软件基本概念。

3. 掌握 FlexSim 软件基本操作。

二、任务前准备

1. 教师课前准备

教学用具：授课计划、纸质及电子教案、课件、黑板、粉笔、多媒体设备等。

教学管理资料：实训成绩评价标准、实训室使用记录表、仪器设备维护保养卡等。

训练用具：实训台（含计算机）、FlexSim 软件、实训教程，见表 4—1—1。

表 4—1—1 训练用具清单

序号	类别	名称	数量
1	设备	实训台（含计算机）	1 套
2	软件	FlexSim 软件	1 套
3	资料	实训教程	1 套

2. 学员课前准备

理论知识点准备：物流及其相关概念，FlexSim 软件基本概念，FlexSim 软件基本操作。

教材及学习用具：物联网相关教学资料（含视频、PPT 等）、实训教程、笔记本、笔。

三、任务内容

1. 物流及其相关概念的理解。

2. FlexSim 软件认知。

3. FlexSim 软件基本操作。

四、任务实施

1. 物流及其相关概念

根据流动范围及社会经济主体间的关系，物流大致可以划分为内部物流（如企业内部生产物流）和外部物流（如供应商与最终用户之间的流通物流）。两者之间有共性，如往往均涉及识别、分拣、传送（传输）、仓储等基本环节；也有区别，如是否涉及结算、第三方等。其中，生产物流是产品生产的基础性流程之一，往往也是外部物流的基础；外部物流所涉及的物流业是融合运输、仓储、货代、信息等产业的复合型服务业，是支撑国民经济发展的基础性、战略性产业。

物流（尤其是外部物流）与运输、交通的关系非常密切。

物流、交通均可以通过物联网、大数据、机器人等工具和平台进行优化。

物联网在物流、交通中的应用和发展同样也是需求和支撑技术共同作用的结果。

2. FlexSim 软件认知

（1）基本功能

三维仿真软件 FlexSim 是美国 FlexSim 软件公司开发的基于 Windows 的、面向对象的仿真软件和仿真环境，可用于建立离散事件流程过程，实现生产流程等领域的三维可视化，进而可以帮助用户实现资源配置、产能、排程、在制品及库存和成本等方面的规划、优化。

FlexSim 采用图形化编程方式，用户只需用鼠标从模型库里拖动所需的模型到模型视图，就可以实现快速建模。

FlexSim 的仿真过程数据和结果数据可以通过丰富的表格、图形等方式展示，并可以结合丰富的预定义和自定义行为指示器（如用处、生产量、研制周期、费用等）进行分析。

（2）基本组成

FlexSim 具有丰富的可以表示各种实物对象（如机器、操作员、传送带、叉车、仓库、交通灯、储罐、箱子、货盘、集装箱、自动堆垛机等）的模型库，模型可以直观表示实物对象及相关数据信息。用户可以自定义对象，将自定义的对象加入库中以方便重复使用。

每个模型都有坐标（x，y，z）、速度（v_x，v_y，v_z）、旋转以及动态行为属性（时间），并且有自己的属性对话框。用户可以自行设置对象的属性，通过动态行为对话框可以随时观察与对象有关的数据变化情况。

3. FlexSim 软件基本操作

打开 FlexSim 软件，界面中有"New Model""Open Model"等操作命令。

FlexSim 软件主界面如图 4—1—1 所示。

图 4—1—1　FlexSim 软件主界面

单击"New Model"，将弹出设置模型单位的对话框，如图 4—1—2 所示。

（1）在模型中生成一个实体

从左边的实体库中拖动一个发生器到模型（建模）视窗中，具体操作是：单击并按住实体库中的实体，然后将它拖动到模型中想要放置的位置，松开鼠标键，将在模型中建立一个发生器实体。一旦创建了实体，将会给它赋一个默认的名称，如 Source#，数字"#"为自从 FlexSim 应用软件打开后所生成的实体数。在以后定义的编辑过程中，可以对模型中的实体重新命名。

创建实体如图 4—1—3 所示。

（2）在模型中生成更多的实体

从实体库中拖动一个暂存区实体放在发生器实体的右侧，再从库中拖动 3 个处理器实体放在暂存区实体的右侧。

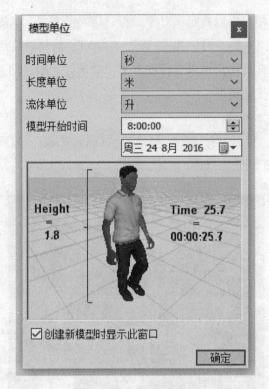

图 4—1—2　设置模型单位

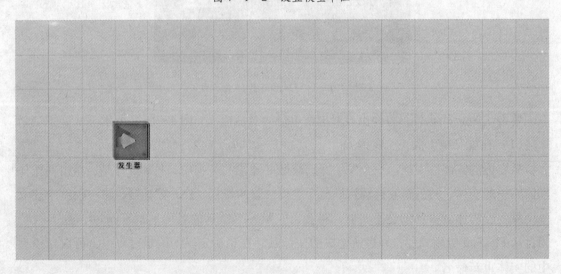

图 4—1—3　创建实体

　　模型中生成更多的实体，如图 4—1—4 所示。

　　完成在模型中生成实体。再拖出一个暂存区（第二个暂存区）、一个处理器（检验处理器）和一个吸收器实体放到模型中。

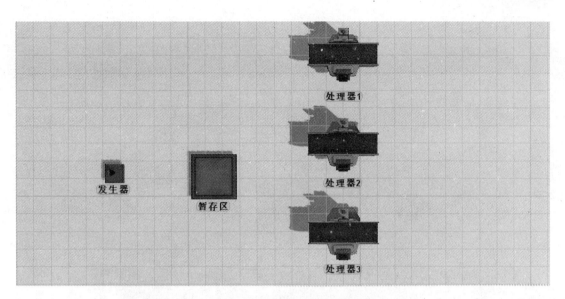

图4—1—4　模型中生成更多的实体

完成模型中所有实体生成，如图4—1—5所示。

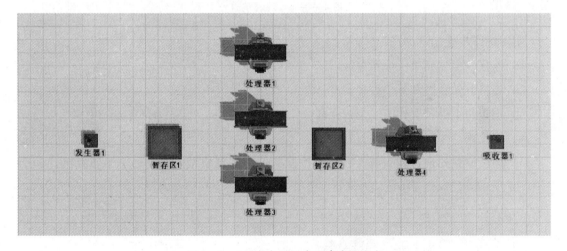

图4—1—5　完成模型中所有实体生成

（3）端口连接（连线）

通过端口连接可以构建实体之间的逻辑路径。

连接（断开）一个实体的输出端口至另一个实体的输入端口的基本操作流程如下：按住键盘上的"A"键（断开连接用"Q"键），选中第一个实体并按住鼠标左键，拖动鼠标到下一个实体然后放开鼠标键。操作成功将会出现一条黄色连线，放开鼠标键时，会出现一条黑色的连线。

连接端口如图4—1—6所示。

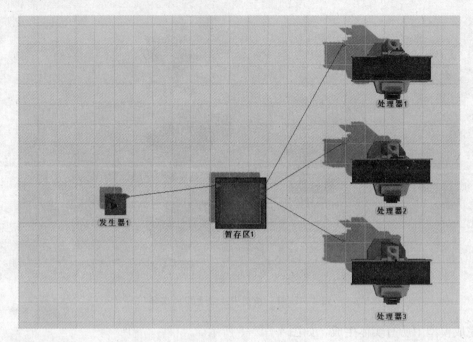

图 4—1—6   连接端口

实训操作步骤如下：

1）连接发生器到第一个暂存区。

2）连接此暂存区和每个处理器。

3）连接每个处理器到第二个暂存区。

4）连接第二个暂存区到检验处理器。

5）连接检验处理器到吸收器，并连接检验处理器到模型前端的第一个暂存区，如图 4—1—7 所示（建议先连接检验处理器到吸收器，然后再连接检验处理器到第一个暂存区）。

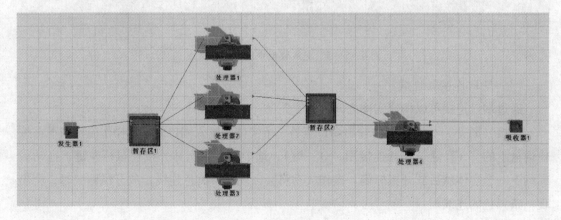

图 4—1—7   实体连接

（4）修改（设置）各实体的参数

合理修改（设置）各实体的参数（建议从发生器开始一直到吸收器逐个修改参数），从而使它们按业务需求进行工作。

任务二　识别、分拣与传送

一、任务目标

1. 掌握物联网在识别、分拣与传送环节中的应用。

2. 掌握 FlexSim 软件在识别、分拣与传送环节仿真中的应用。

二、任务前准备

1. 教师课前准备

教学用具：授课计划、纸质及电子教案、课件、黑板、粉笔、多媒体设备等。

教学管理资料：实训成绩评价标准、实训室使用记录表、仪器设备维护保养卡等。

训练用具：实训台（含计算机）、FlexSim 软件、实训教程，见表4—2—1。

表4—2—1　　　　　　　　　　　　　训练用具清单

序号	类别	名称	数量
1	设备	实训台（含计算机）	1 套
2	软件	FlexSim 软件	1 套
3	资料	实训教程	1 套

2. 学员课前准备

理论知识点准备：物联网在识别、分拣与传送环节中的应用，FlexSim 软件在识别、分拣与传送环节仿真中的应用。

教材及学习用具：物联网相关教学资料（含视频、PPT 等）、实训教程、笔记本、笔。

三、任务内容

1. 物联网在识别、分拣与传送环节中的应用。

2. FlexSim 软件在识别、分拣与传送环节仿真中的应用。

要求如下：

以某工厂三种类型产品的生产过程为例。

1）在仿真模型中为三类产品设置"itemtype"值；三种类型产品随机来自工厂内或工厂外的上游工序或环节。

2）模型中有三台机器，每台机器加工一种特定类型的产品。

3）加工完成后，在同一台检验设备中对它们进行检验：如果没有问题，就送到下一工序（工厂内或工厂外的下游工序或环节），离开仿真模型；如果发现有缺陷，则必须送回到仿真模型的起始点，由上述对应的机器重新处理。

四、任务实施

1. 物联网在识别、分拣与传送环节中的应用

物联网的标识技术可以对物品进行个体间定性化的区分，感知技术可以对物品属性、状态等进行定量化的区分。这两方面的技术均可对识别、分拣与传送等环节提供基础信息和动作依据。

2. 运用 FlexSim 软件进行仿真训练

根据实训内容的要求，进行以下实操。

（1）建立仿真工程和添加模型实体

实现货物的识别、分拣和传送系统，建立仿真工程。在仿真模型中创建 FlexSim 实体，如图 4—2—1 所示。

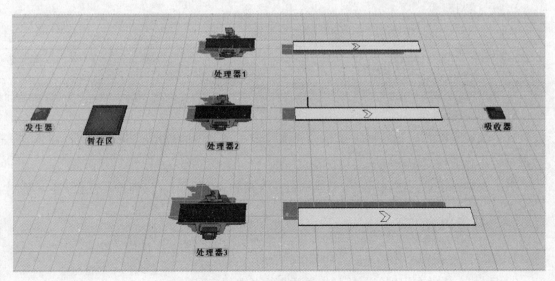

图 4—2—1　识别、分拣和传送 FlexSim 实体

（2）FlexSim 实体端口连接（连线）

将 FlexSim 实体进行连线，如图 4—2—2 所示。

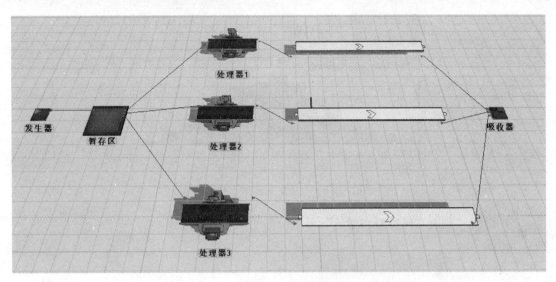

图 4—2—2　识别、分拣和传送 FlexSim 实体连线

（3）设置相关参数

1）设置"到达时间间隔"参数，如图 4—2—3 所示。

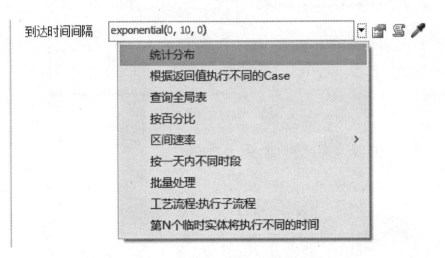

图 4—2—3　设置"到达时间间隔"参数

选择图 4—2—3 中的"统计分布"，弹出"分布函数"如图 4—2—4 所示。在"分布函数"的下拉列表框中选择"normal"选项。

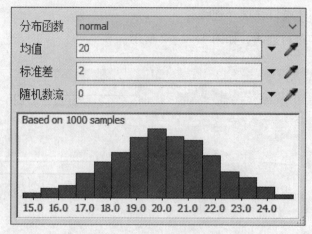

图4—2—4 "分布函数"对话框

2）设置"临时实体类型和颜色"参数，如图4—2—5所示。

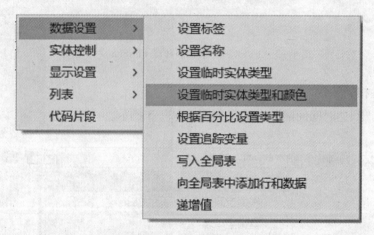

图4—2—5 设置"临时实体类型和颜色"参数

3）设置"暂存区"参数，如图4—2—6所示。

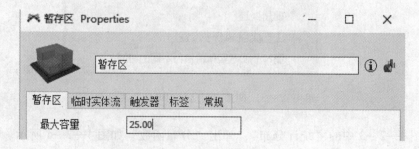

图4—2—6 设置"暂存区"参数

4）设置"发送至端口"参数，如图4—2—7所示。

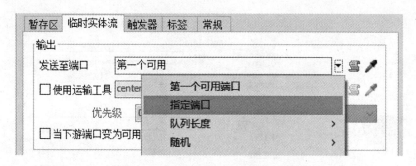

图4—2—7　设置"发送至端口"参数

5）设置"加工时间"参数，如图4—2—8所示。

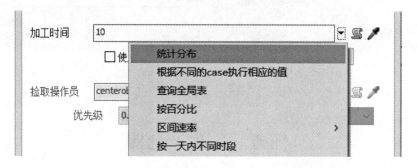

图4—2—8　设置"加工时间"参数

"分布函数"选项选择如图4—2—9所示。

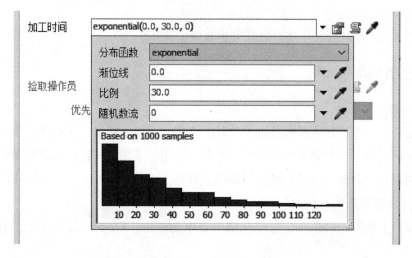

图4—2—9　"分布函数"对话框

6) 运行仿真模型。仿真结果如图4—2—10所示。

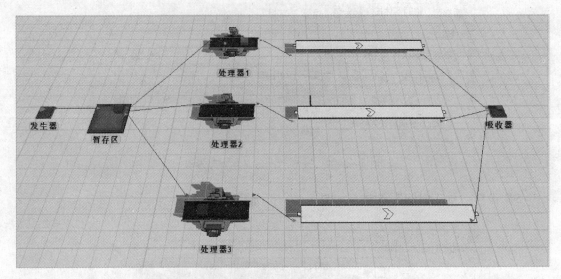

图4—2—10　仿真结果

任务三　生产仓储

一、任务目标

1. 掌握物联网在生产仓储环节中的应用。
2. 掌握 FlexSim 软件在生产仓储环节仿真中的应用。

二、任务前准备

1. 教师课前准备

教学用具：授课计划、纸质及电子教案、课件、黑板、粉笔、多媒体设备等。

教学管理资料：实训成绩评价标准、实训室使用记录表、仪器设备维护保养卡等。

训练用具：实训台（含计算机）、FlexSim 软件、实训教程，见表4—3—1。

2. 学员课前准备

理论知识点准备：物联网在生产仓储环节中的应用，FlexSim 软件在生产仓储环节仿真中的应用。

教材及学习用具：物联网相关教学资料（含视频、PPT 等）、实训教程、笔记本、笔。

表 4—3—1 训练用具清单

序号	类别	名称	数量
1	设备	实训台（含计算机）	1 套
2	软件	FlexSim 软件	1 套
3	资料	实训教程	1 套

三、任务内容

1. 物联网在生产仓储环节中的应用。

2. FlexSim 软件在生产仓储环节仿真中的应用。

建立生产仓储仿真模型，运行模型以检查各要素运行是否正常。

四、任务实施

1. 物联网在生产仓储环节中的应用

物联网的标识技术可以对物品进行个体间定性化的区分，感知技术可以对物品属性、状态等进行定量化的区分。这两方面的技术均可对生产仓储等环节提供基础信息和动作依据。

2. FlexSim 软件在生产仓储环节仿真中的应用

根据实训内容的要求，进行以下实操。

（1）建立生产仓储仿真工程及添加模型实体

创建模型添加货架、叉车、操作员。

生产仓储 FlexSim 实体如图 4—3—1 所示。

（2）FlexSim 实体端口连接（连线）并配置参数

分配器与操作员实体端口连接（连线）如图 4—3—2 所示。

为了在检测台处可以用操作员进行加工，必须把每个检测台和分配器进行中间端口连接，并配置处理器调用操作员。

分配器与处理器 1、处理器 2 和处理器 3 分别进行中间端口连接（按键盘上的"S"键），如图 4—3—3 所示。

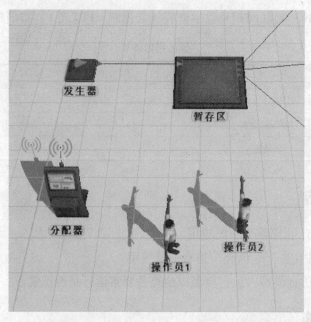

a)

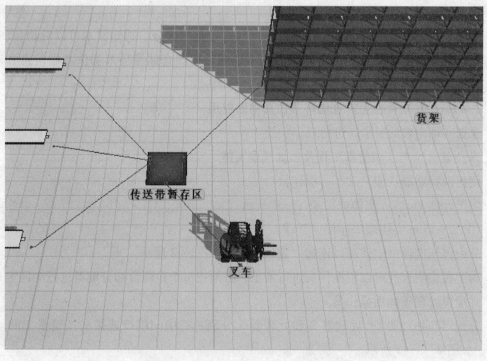

b)

图 4—3—1　生产仓储 FlexSim 实体

a）前端模型添加　b）后端模型添加并连线

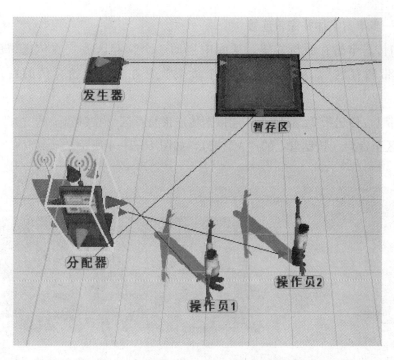

图 4—3—2　分配器与操作员实体端口连接（连线）

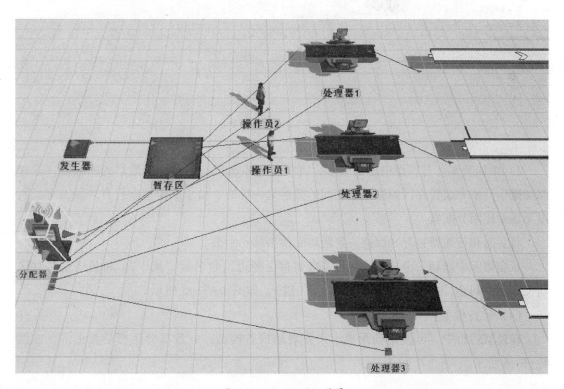

图 4—3—3　配置操作员

（3）进一步丰富实体并完善连接

1）添加传送带暂存区与货架。从库中拖动一个暂存区放置在传送带的右边，命名为"传送带暂存区"。从库中拖动一个货架放置在传送带暂存区的右边，命名为"货架"。

将传送带1、传送带2、传送带3连接至传送带暂存区（按键盘上的"A"键）。连接传送带暂存区至货架（按键盘上的"A"键），如图4—3—4所示。

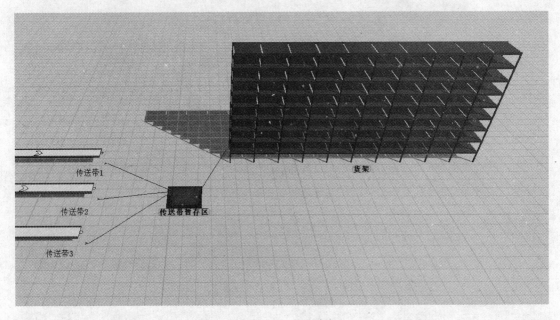

图4—3—4 添加货架

2）添加叉车。在模型中添加叉车，将临时实体从传送带暂存区搬运到吸收器，这和添加操作员来完成暂存区到检测器之间的搬运是一样的。由于此模型中只有一辆叉车，所以不需要使用分配器。

将货架和传送带暂存区保持一定距离来模拟移动距离。

从实体库中拖动一个叉车放在传送带暂存区旁边，命名为"叉车"。将传送带暂存区与叉车用中间端口连接（按键盘上的"S"键），如图4—3—5所示。

（4）运行模型

在模型运行中，可使用动画显示来直观地检查模型，看各部分运行是否正常，如图4—3—6所示。

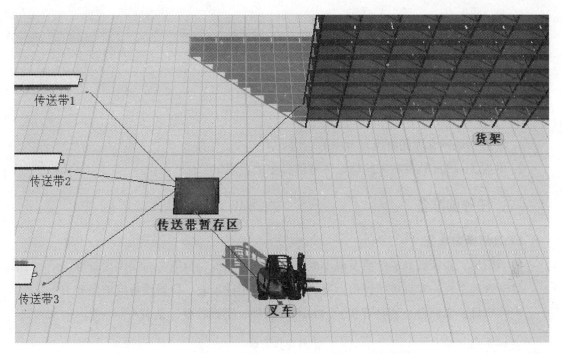

图4—3—5 添加叉车

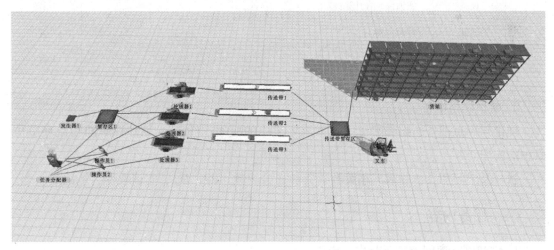

图4—3—6 运行模型

任务四　库间物流

一、任务目标

1. 掌握物联网在库间物流环节中的应用。

2. 掌握 FlexSim 软件在库间物流环节仿真中的应用。

二、任务前准备

1. 教师课前准备

教学用具：授课计划、纸质及电子教案、课件、黑板、粉笔、多媒体设备等。

教学管理资料：实训成绩评价标准、实训室使用记录表、仪器设备维护保养卡等。

训练用具：实训台（含计算机）、FlexSim 软件、实训教程，见表4—4—1。

表4—4—1　　　　　　　　　　　训练用具清单

序号	类别	名称	数量
1	设备	实训台（含计算机）	1套
2	软件	FlexSim 软件	1套
3	资料	实训教程	1套

2. 学员课前准备

理论知识点准备：物联网在库间物流环节中的应用，FlexSim 软件在库间物流环节仿真中的应用。

教材及学习用具：物联网相关教学资料（含视频、PPT 等）、实训教程、笔记本、笔。

三、任务内容

1. 物联网在库间物流环节中的应用。

2. FlexSim 软件在库间物流环节仿真中的应用。

要求如下：

建立库间物流仿真模型，运行模型以查看统计结果。

四、任务实施

1. 物联网在库间物流环节中的应用

物联网的标识技术可以对物品进行个体间定性化的区分，感知技术可以对物品属性、状态等进行定量化的区分。这两方面的技术均可对库间物流等环节提供基础信息和动作依据。

2. FlexSim 软件在库间物流环节仿真中的应用

根据实训内容的要求，进行以下实操。

（1）建立库间物流仿真工程及添加模型实体

将货物从一个库存位置转移到另外一个库存位置，进行库间物流的仿真，建立 Flex-Sim 实体到工作区，如图 4—4—1 所示。

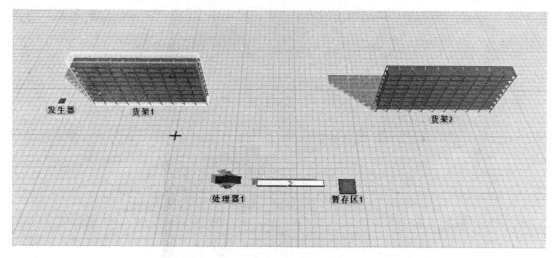

图 4—4—1 库间物流 FlexSim 实体

（2）FlexSim 实体端口连接（连线）

库间物流 FlexSim 实体连线，如图 4—4—2 所示。

（3）设置相关参数

1）设置"到达时间间隔"参数，如图 4—4—3 所示。

2）"设置临时实体类型和颜色"参数，如图 4—4—4 所示。

3）设置"发送至端口"参数，如图 4—4—5 所示。

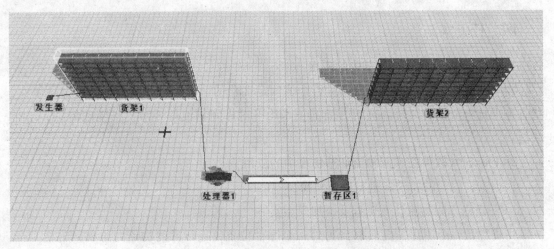

图4—4—2　库间物流FlexSim实体连线

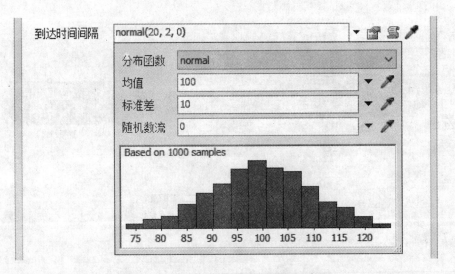

图4—4—3　设置"到达时间间隔"参数

图4—4—4　"设置临时实体类型和颜色"参数

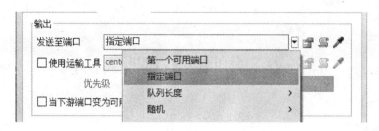

图4—4—5 设置"发送至端口"参数

4）设置"加工时间"参数，如图4—4—6所示。

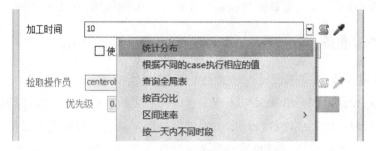

图4—4—6 设置"加工时间"参数

5）设置"使用运输工具"参数，如图4—4—7所示。

图4—4—7 设置"使用运输工具"参数

（4）运行模型

运行模型，查找系统瓶颈，查看统计结果，如图4—4—8所示。

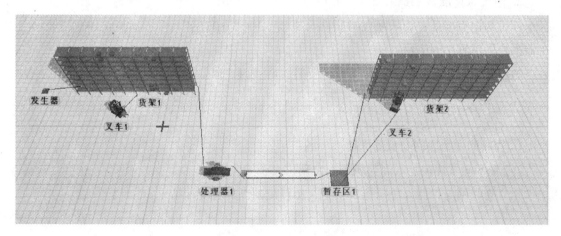

图4—4—8 运行模型

任务五　物联网与机器人协同

一、任务目标

1. 掌握物联网在物联网与机器人协同中的应用。

2. 掌握 FlexSim 软件在物联网与机器人协同仿真中的应用。

二、任务前准备

1. 教师课前准备

教学用具：授课计划、纸质及电子教案、课件、黑板、粉笔、多媒体设备等。

教学管理资料：实训成绩评价标准、实训室使用记录表、仪器设备维护保养卡等。

训练用具：实训台（含计算机）、FlexSim 软件、实训教程，见表4—5—1。

表4—5—1　　　　　　　　　　　　训练用具清单

序号	类别	名称	数量
1	设备	实训台（含计算机）	1 套
2	软件	FlexSim 软件	1 套
3	资料	实训教程	1 套

2. 学员课前准备

理论知识点准备：物联网在物联网与机器人协同中的应用，FlexSim 软件在物联网与机器人协同仿真中的应用。

教材及学习用具：物联网相关教学资料（含视频、PPT 等）、实训教程、笔记本、笔。

三、任务内容

1. 物联网在物联网与机器人协同中的应用。

2. FlexSim 软件在物联网与机器人协同仿真中的应用。

建立物联网与机器人协同仿真模型，运行模型以查看统计结果。

四、任务实施

1. 物联网在物联网与机器人协同中的应用形态

物联网与机器人可以互相协同，且某些文献中，甚至将物联网作为网络机器人的一种形态。

比较典型的物联网与机器人的协同有以下几种形式：

（1）物联网是机器人所处环境和自身状态的信息获取手段。

（2）机器人携带物联网节点进行设备状态巡检及维护。

（3）机器人是物联网的部署手段及移动中继、汇集节点的承载平台。

（4）物联网与机器人协同实现更好的空间、时间覆盖性等性能。

2. FlexSim 软件在物联网与机器人协同仿真中的应用

根据实训内容的要求，进行以下实操。

（1）建立物联网与机器人协同仿真工程及添加模型实体

运用机器人在生产物流中进行物联网与机器人协同的生产过程仿真，建立 FlexSim 实体到工作区，如图 4—5—1 所示。

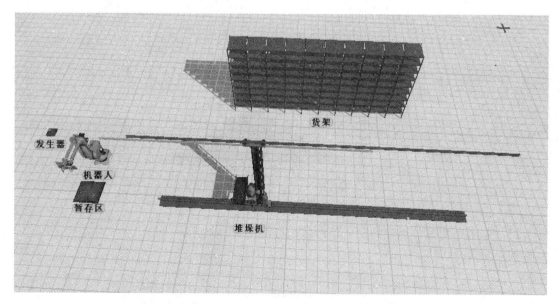

图 4—5—1 物联网与机器人协同 FlexSim 实体

（2）FlexSim 实体端口连接（连线）

物联网与机器人协同实体连线，如图 4—5—2 所示。

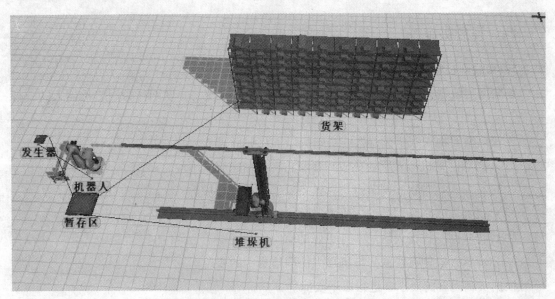

图 4—5—2　物联网与机器人协同实体连线

（3）设置相关参数

1）设置"到达时间间隔"参数，如图 4—5—3 所示。

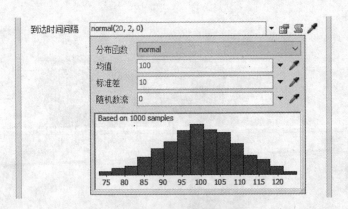

图 4—5—3　设置"到达时间间隔"参数

2）"设置临时实体类型和颜色"参数，如图 4—5—4 所示。

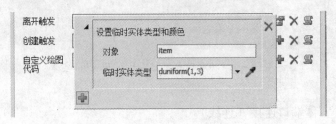

图 4—5—4　"设置临时实体类型和颜色"参数

3）设置"发送至端口"参数，如图4—5—5所示。

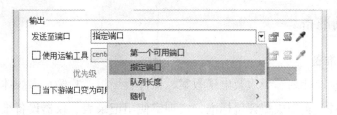

图4—5—5　设置"发送至端口"参数

4）设置"使用运输工具"参数，如图4—5—6所示。

图4—5—6　设置"使用运输工具"参数

（4）运行模型，查找瓶颈，查看统计结果，如图4—5—7所示。

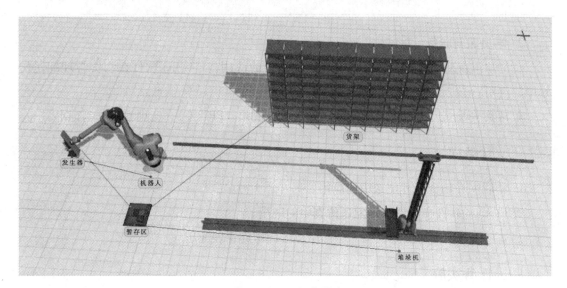

图4—5—7　仿真结果

任务六　物联网在物资管理配送中的综合应用

一、任务目标

1. 掌握物联网在物资管理配送中的应用。

2. 掌握 FlexSim 软件在物资管理配送仿真中的应用。

二、任务前准备

1. 教师课前准备

教学用具：授课计划、纸质及电子教案、课件、黑板、粉笔、多媒体设备等。

教学管理资料：实训成绩评价标准、实训室使用记录表、仪器设备维护保养卡等。

训练用具：实训台（含计算机）、FlexSim 软件、实训教程，见表 4—6—1。

表 4—6—1   训练用具清单

序号	类别	名称	数量
1	设备	实训台（含计算机）	1 套
2	软件	FlexSim 软件	1 套
3	资料	实训教程	1 套

2. 学员课前准备

理论知识点准备：物联网在物资管理配送中的应用，FlexSim 软件在物资管理配送仿真中的应用。

教材及学习用具：物联网相关教学资料（含视频、PPT 等）、实训教程、笔记本、笔。

三、任务内容

1. 物联网在物资管理配送中的应用。

2. FlexSim 软件在物资管理配送仿真中的应用。

建立物资管理配送仿真模型，运行模型进行物资管理配送。

四、任务实施

1. 物联网在物资管理配送中的应用

物联网的标识技术可以对物品进行个体间定性化的区分，感知技术可以对物品（包括环境）属性、状态等进行定量化的区分（描述）。这两方面的技术均可以对物资管理配送等环节提供基础信息和动作依据。

2. FlexSim 软件在物资管理配送仿真中的应用

根据实训内容的要求，进行以下实操。

（1）建立物资管理配送仿真工程和添加模型实体

根据软件的使用教程和操作技巧建立工程。

以配送中心为例，作业流程如图4—6—1所示。

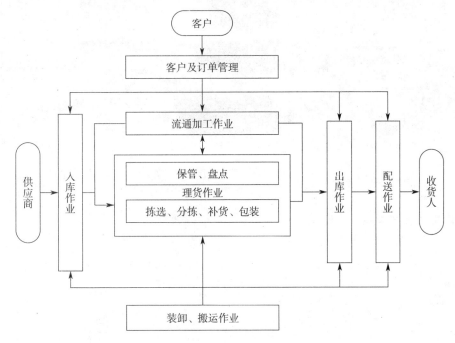

图4—6—1　配送中心作业流程

基于 FlexSim 建立仿真模型，如图4—6—2所示。

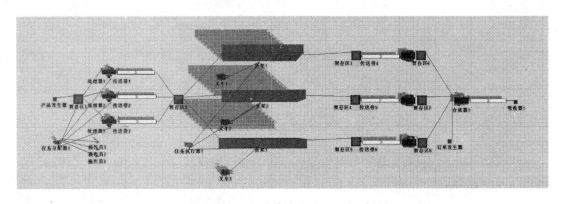

图4—6—2　物资管理配送 FlexSim 实体

（2）运行模型

运行结果如图4—6—3所示。

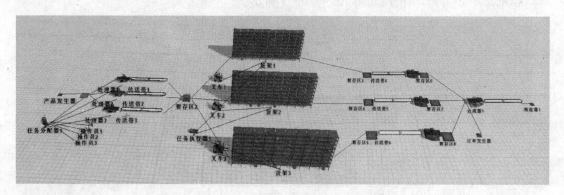

图4—6—3　运行模型

生成报告如图4—6—4所示。

Object	Class	当前容量	最小容量	最大容量	平均容量	输入	输出	最小停留时间	最大停留时间	平均停留时间	当前状态	闲置比例	加工时间比例
产品发生器	Source	0	0	1	0	1	672	0	0	0	5	0.00%	0.00%
暂存区1	Queue	0	0	1	0.000347	672	672	0	0.586528	0.005162	6	0.00%	0.00%
处理器1	Processor	1	0	1	0.939294	224	223	10.243487	165.065491	41.961603	2	6.06%	71.47%
处理器2	Processor	1	0	1	0.87465	217	216	10.185612	205.96019	40.220147	2	12.52%	65.65%
处理器3	Processor	1	0	1	0.893424	222	221	10.074811	181.069016	40.199061	2	10.65%	67.05%
传送带1	Conveyor	0	0	2	0.328845	223	223	14.712389	14.712389	14.712389	6	0.00%	0.00%
传送带2	Conveyor	0	0	1	0.217247	216	216	10	10	10	6	0.00%	0.00%
传送带3	Conveyor	0	0	2	0.3265	221	221	14.712389	14.712389	14.712389	6	0.00%	0.00%
操作员2	Operator	0	0	0	0	0	0	0	0	0	22	12.54%	0.00%
暂存区2	Queue	9	0	17	6.619505	660	651	4.405597	233.037888	100.702447	10	0.00%	0.00%
叉车1	Transport	1	0	1	0.499961	325	324	8.463626	19.512239	15.412266	17	4.03%	0.00%
货架1	Rack	106	0	106	53.04399	217	111	14.180306	4686.188965	2402.016268	10	0.00%	0.00%
货架2	Rack	106	1	106	48.27698	214	108	16.252556	4652.905762	2239.35414	10	0.00%	0.00%
货架3	Rack	104	1	105	48.64777	219	115	90.258919	4680.833008	2176.438297	10	0.00%	0.00%
拆装机2	Separator	0	0	1	0.666646	333	3330	0	10	1	1	66.67%	33.33%
暂存区7	Queue	0	0	123	36.31861	1080	1080	0	963.373169	335.52137	6	0.00%	0.00%
暂存区6	Queue	14	0	58	8.875315	1100	1086	0	406.465027	80.406262	8	0.00%	0.00%
暂存区8	Queue	98	0	166	96.70614	1150	1052	0	1423.337158	886.094564	8	0.00%	0.00%
吸收器	Sink	1	1	1		167		0	0	0	7		
传送带7	Conveyor	0	0	1	0.167044	167	167	10	10	10	6	0.00%	0.00%
暂存区5	Queue	0	0	0		115	115	0	0	0	6	0.00%	0.00%
暂存区4	Queue	0	0	0		108	108	0	0	0	6	0.00%	0.00%
暂存区3	Queue	0	0	1		111	111	0	0	0	6	0.00%	0.00%
操作员1	Operator	0	0	0	0	0	0	0	0	0	22	6.07%	0.00%
操作员3	Operator	0	0	0	0	0	0	0	0	0	22	10.66%	0.00%
叉车2	Transport	0	0	1	0.44996	334	334	8.3	18.161777	13.464965	14	1.04%	0.00%
叉车3	Transport	0	0	1	0.497689	326	326	8.292306	19.584778	15.250069	14	4.93%	0.00%

图4—6—4　生成报告

生成状态报告，可对配送中心过程进行监控，也可生成统计图，查看各个实体的工作数据，如图4—6—5所示。

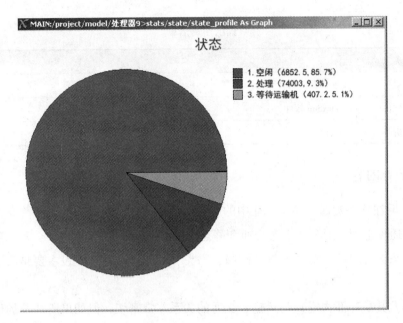

状态

- 1. 空闲（6852.5,85.7%）
- 2. 处理（74003,9.3%）
- 3. 等待运输机（407.2,5.1%）

图 4—6—5 统计图

任务七 物联网在物流中的综合应用

一、任务目标

1. 理解物联网在静态交通、动态交通中的应用。

2. 掌握 FlexSim 软件在物流中的综合应用。

二、任务前准备

1. 教师课前准备

教学用具：授课计划、纸质及电子教案、课件、黑板、粉笔、多媒体设备等。

教学管理资料：实训成绩评价标准、实训室使用记录表、仪器设备维护保养卡等。

训练用具：实训台（含计算机）、FlexSim 软件、实训教程，见表 4—7—1。

2. 学员课前准备

理论知识点准备：物联网在静态交通、动态交通中的应用，FlexSim 软件在物流中的综合应用。

教材及学习用具：物联网相关教学资料（含视频、PPT 等）、实训教程、笔记本、笔。

表4—7—1   训练用具清单

序号	类别	名称	数量
1	设备	实训台（含计算机）	1 套
2	软件	FlexSim 软件	1 套
3	资料	实训教程	1 套

三、任务内容

1. 物联网在静态交通、动态交通中的应用。

现代交通理论把交通分为动态交通和静态交通。其中，道路（陆海空天）建设主要是为了解决动态交通问题，而停车场（机场、码头、月球驿站等）建设主要是为了解决静态交通问题。

物流（尤其是外部物流）与运输、交通的关系非常密切，但如果所涉及的地理空间较大，内部物流也会涉及运输、交通。

2. FlexSim 软件在涉及交通运输仿真中的综合应用一。

每隔20 s，有一份原材料进入分离器并被分为三份，分别进入以下三条不同的加工路径。

（1）路径一

原材料经过"S"形输送机到达组合器。每八份原材料被放置在一个托盘上，并经过后续的输送机运送到接收器。

（2）路径二

原材料经过输送机到达多功能处理器。

在多功能处理器上，原材料将经过三道加工工序：工序一需要 3 s，工序二需要 4 s，工序三需要 5 s。其中工序二需要一名操作员参与才能进行。

完成全部三道工序后，运输车辆会将产品运送到货架上存放。

（3）路径三

原材料沿工作流节点到达堆放区，此堆放区需累积达 10 份原材料才会一份一份地送至处理器进行加工，每份加工时间是 20 s。

加工完成的产品会放置在后续的堆放区中等待操作员将其运送到相应的接收器中。

3. FlexSim 软件在涉及交通运输仿真中的综合应用二。

某超市配送中心的物流系统工艺过程如下：

（1）产品到达

A、B、C产品装在一个箱子里，整箱到达配送中心；平均每15 s，标准差为2 s到达一箱产品，送达暂存区。

（2）产品运送

分为三类产品开箱后，用输送带送到三个暂存区，使用两辆叉车，分别将产品放置在三个货架，举起和放下时间均为3 s，入库储存时间为两天；然后送往拣货区。

（3）产品拣选

安排1名拣选工作人员，拣选A、B、C类产品各2个分别进行捆包，由传送带送出。

四、任务实施

1. 静态交通和动态交通认知

交通现象是由动态交通和静态交通共同组成的。

静态交通是相对于动态交通而言的，是整个交通大体系中的一个重要组成部分。静态交通是由公共交通车辆为乘客上下车的停车、货运车辆为装卸货物的停车、小客车和自行车等在交通出行中的停车等行为构成的一个总的概念。虽然停车目的各异、时间长短不同，但它们都是静态交通的具体体现。

另外，各种停车场也是静态交通的组成部分。

2. FlexSim 软件在涉及交通运输仿真中的综合应用一

根据实训内容的要求，进行如图4—7—1所示的实操。

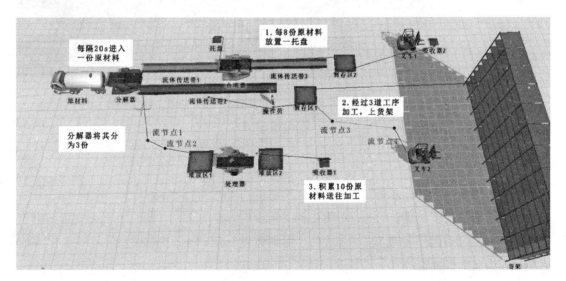

图 4—7—1　三条加工路径

（1）建立综合应用一仿真工程和添加模型实体

按照要求布局，逐步添加临时实体：1个分解器，2个发生器（分别将名称改为"原材料""托盘"），4个暂存区（分别将名称改为"堆放区1""堆放区2""暂存区1""暂存区2"），2条传送带（为便于区分，可将传送带改为不同颜色），1台处理器，1台合成器，2台吸收器，2辆叉车，1个货架，4个流节点。

（2）FlexSim实体端口连接（连线）及设置相关参数

按照不同的逻辑关系，采用"A"连接或"S"连接，逐一对模型内的实体进行连接，注意各个端口的连接顺序（输入端口、输出端口、中间端口），并进行相关参数设置。

（3）模型运行及调试优化

综合应用一模型运行如图4—7—2所示。

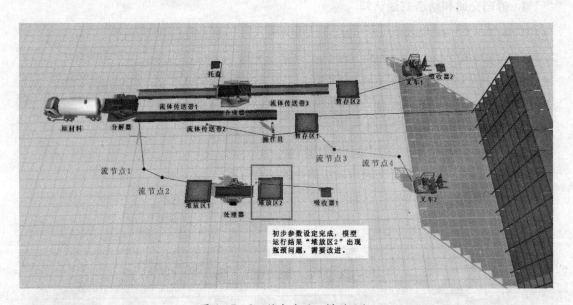

图4—7—2　综合应用一模型运行

堆放区2出现拥堵，说明该区的运输工具数量不够或是工作速度/效率过低，如图4—7—3所示。

综合应用一拥堵改进方案如图4—7—4所示。

为了清晰展示模型运行状态，可为2辆叉车设定固定的路线，此处加入4个"网络节点"，分别将"暂存区""货架""叉车""网络节点"用"A"连接。图4—7—5中手绘红色线即为叉车行驶路径。

经过调试，模型运行正常，各项操作均达到实验要求。最终效果如图4—7—6所示。

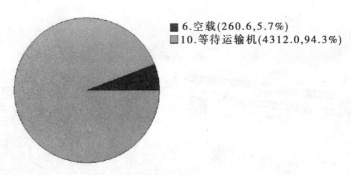

■ 6.空载(260.6,5.7%)
■ 10.等待运输机(4312.0,94.3%)

图4—7—3　综合应用—堆放区拥堵

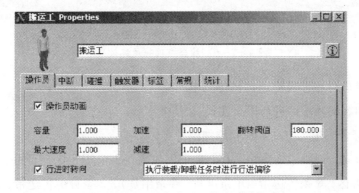

图4—7—4　综合应用—拥堵改进方案

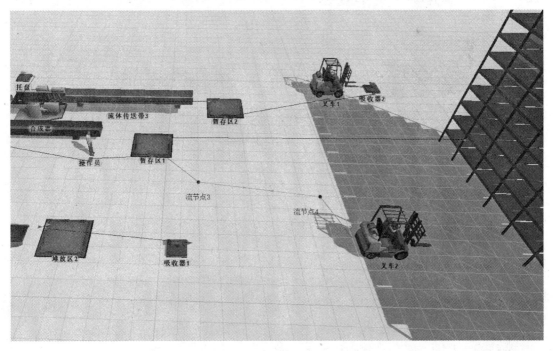

图4—7—5　综合应用—模型运行状态

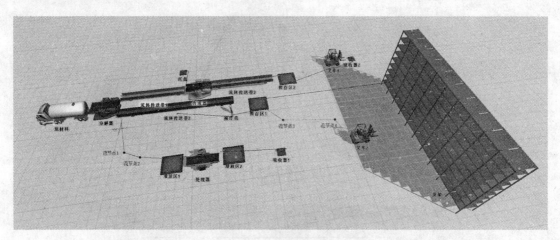

图4—7—6 综合应用一最终效果

3. FlexSim 软件在涉及交通运输仿真中的综合应用二

根据实训内容的要求，进行以下实操。

（1）建立综合应用二仿真工程和添加模型实体

按照要求布局，逐步添加模型实体：4个发生器（3个用于生产产品，1个用于生产托盘），4个暂存区，8条传送带（4条进货，4条出货），2条分拣传送带，2个合成器，1个分解器，1个吸收器，3个货架，1个任务分配器，6辆叉车，具体如图4—7—7和图4—7—8所示。

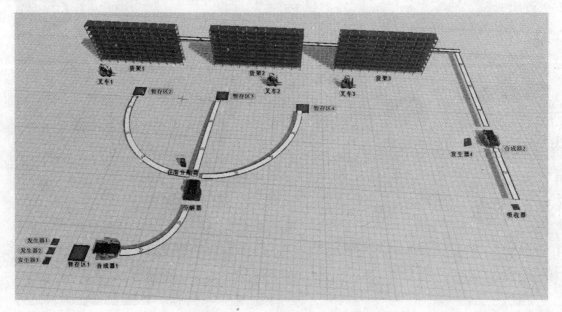

图4—7—7 综合应用二前视图

图4—7—8　综合应用二后视图

（2）FlexSim实体端口连接（连线）及设置相关参数

按照不同的逻辑关系，采用"A"连接或"S"连接，逐一对模型内的实体进行连接，注意各个端口的连接顺序（输入端口、输出端口、中间端口），并进行相关参数设置。

（3）模型运行及调试优化

综合应用二模型运行效果如图4—7—9所示。结合图4—7—9可以看出：已经建好的模型运行平稳；300 s后3个入库暂存区出现拥堵现象，且随着时间的递增拥堵现象更加严重；其他环节一切正常。由此发现该处是制约模型正常运行的"瓶颈"，结合统计图表和数据做出分析结果。

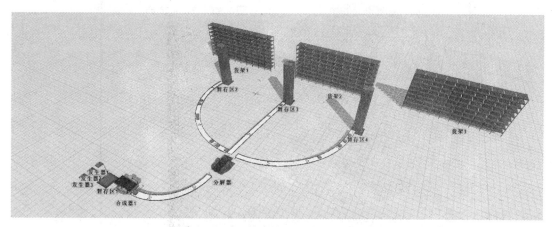

图4—7—9　综合应用二模型运行效果

综合应用二统计分析结果（1）如图4—7—10所示。由图4—7—10中分析可知，2辆负责进货的叉车基本处于额定工作状态，满足正常的入库要求。

综合应用二统计分析结果（2）如图4—7—11所示。由图4—7—11中分析可知，拆箱分解器运行状态良好，基本按照额定负荷工作。

综上所述，模型正常运行产生拥堵现象不是以上 2 个环节造成的。

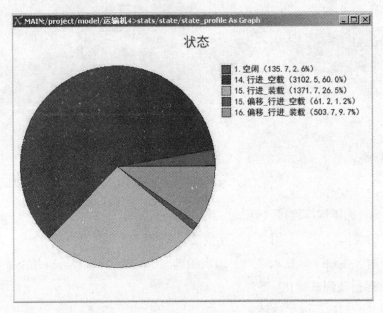

图 4—7—10　综合应用二统计分析结果（1）

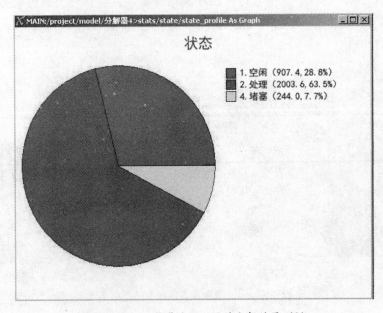

图 4—7—11　综合应用二统计分析结果（2）

综合应用二统计分析结果（3）如图 4—7—12 所示，进货暂存区一直处于满负荷工作状态，且进货速度远远大于其出货速度。

综合应用二统计分析结果（4）如图4—7—13所示。由图4—7—13中分析可知，整箱货物到达仓库时（A、B、C产品装在一个箱子里，整箱到达配送中心）速度相对过快，虽然进货传送带、拆包分解器等设备都处于满负荷工作状态，但还是不能及时将到达的货物运走。

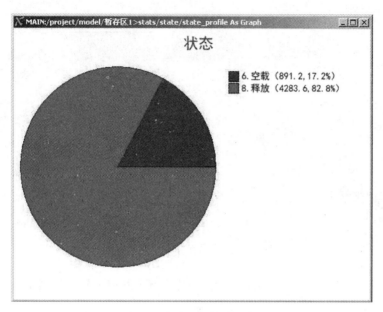

图4—7—12　综合应用二统计分析结果（3）

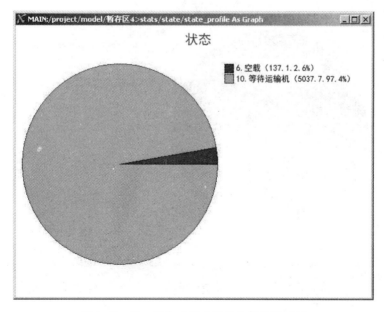

图4—7—13　综合应用二统计分析结果（4）

初步的改善方案为：通过调整参数，适当减慢整箱货物的到达速度。

综合应用二调整参数后的结果如图 4—7—14 所示，由图 4—7—14 中分析可知，当模型运行 172 800 s 后仍然没有出现拥堵现象，说明"瓶颈"问题基本得到解决。

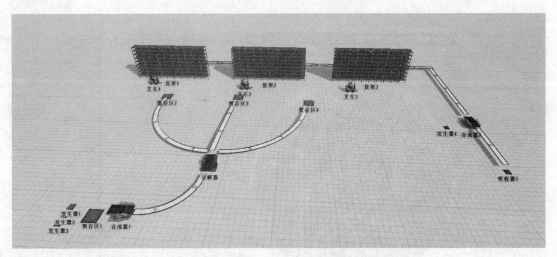

图 4—7—14 综合应用二调整参数后的结果

模型改进后进货暂存区工作状态正常，并按照额定载荷工作，如图 4—7—15 所示。

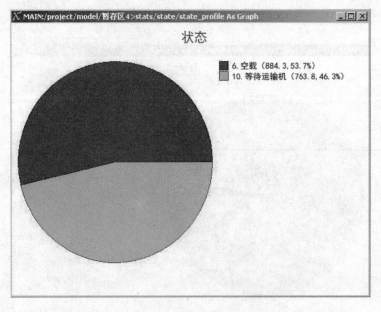

图 4—7—15 综合应用二调整参数后的统计分析结果

思考练习

简答题

阐述 FlexSim 软件的基本功能。

综合评估

1. 评分表

序号	评分项目	配分	评分标准	扣分	得分
1	思考练习	5	1 道简答题，共 5 分		
2	实训操作	70	14 道实训题，每题 5 分 根据操作步骤是否符合要求酌情给分		
3	安全操作	15	违反操作规定扣 5 分 操作完毕不整理扣 5 分 造成设备损坏和人身安全事故不得分		
4	纪律遵守	10	迟到、早退每次扣 0.5 分 旷课每次扣 2 分 上课喧哗、聊天每次扣 2 分 扣完为止		
	总分	100			

2. 自主分析

学员自主分析：

项目五

物联网在其他典型领域的应用

任务一　智慧农业与溯源

一、任务目标

1. 了解智慧农业的基本概念。
2. 掌握物联网在智慧农业方面的应用。

二、任务前准备

1. 教师课前准备

教学用具：授课计划、纸质及电子教案、课件、黑板、粉笔、多媒体设备等。

教学管理资料：实训成绩评价标准、实训室使用记录表、仪器设备维护保养卡等。

训练用具：实训台（含计算机）、物联网开发平台、物联网实训软件、工具箱（包括螺钉旋具、尖嘴钳、万用表、镊子、传感器节点、仿真器等）、实训教程，见表5—1—1。

表5—1—1　　　　　　　　　　训练用具清单

序号	类别	名称	数量
1	设备	实训台（含计算机）	1套
2	平台	物联网开发平台	1套
3	软件	物联网实训软件	1套
4	工具	工具箱（包括螺钉旋具、尖嘴钳、万用表、镊子、传感器节点、仿真器等）	1套
5	资料	实训教程	1套

2. 学员课前准备

理论知识点准备：智慧农业的基本概念，物联网在智慧农业方面的应用。

教材及学习用具：物联网相关教学资料（含视频、PPT 等）、实训教程、笔记本、笔。

三、任务内容

1. 智慧农业认知。

2. 智慧溯源系统平台基本训练。

要求如下：

利用"HT_智慧溯源系统平台"实现对超市内农产品的追溯。

四、任务实施

1. 智慧农业认知

智慧农业可以理解为是精准农业在物联网、大数据等技术推动下的升级版。

典型的智慧农业物联网完整解决方案包括农业工厂/温室大棚智能监控系统、仓储/冷库环境监控系统、农产品安全质量追溯系统等关联密切的子系统。

智慧农业物联网将原料、农产品、环境、设备等信息实时获取并合理呈现，通过统一平台查询（发布）接口，可随时、随地交互式进行产品等信息全过程跟踪和溯源。另外，通过智慧农业物联网与农业专家（专家系统）之间的接口，可以实现常见农作物疾病等的快速、远程诊断，真正实现全面感知、智能农业的目标。

智慧农业系统典型结构如图 5—1—1 所示，农业物联网平台系统典型结构如图 5—1—2 所示，虚实结合智慧农业 3D 系统如图 5—1—3 所示。

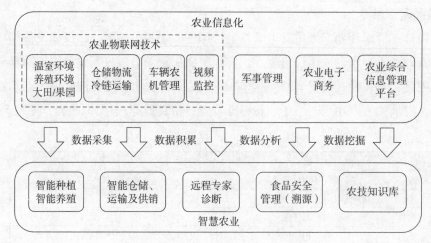

图 5—1—1　智慧农业系统典型结构

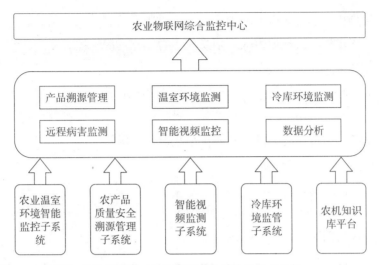

图5—1—2　农业物联网平台系统典型结构

图 5—1—3　虚实结合智慧农业 3D 系统

其中几个典型子系统的说明如下：

（1）温室大棚智能监控系统

温室大棚监控系统，可实时远程获取温室大棚内部的空气温湿度、土壤水分温度、二氧化碳浓度、光照强度及视频图像，通过模型分析，可以自动控制温室湿帘风机、喷淋滴灌、内外遮阳、顶窗侧窗、加温补光等设备；同时，该系统还可以通过手机、平板电脑、触摸屏、台式计算机等信息终端向管理者推送实时监测信息、报警信息，并可以通过这些信息终端进行远程操作，实现温室大棚信息化、智能化远程管控。

（2）农产品安全质量追溯系统

利用先进的 RFID 技术实现农产品的安全质量溯源系统，可以全过程追溯农产品所有环节详细信息，消费者使用手机、平板电脑、触摸屏、台式计算机等信息终端可直接查看农产品各环节信息，通过全程追溯明确相关事故源和原因。

2．智慧溯源系统平台基本训练

根据实训内容的要求，进行以下实操。

打开"HT_智慧溯源系统"，进入登录界面，用户名为"admin"，密码为"123456"。智慧溯源登录界面如图 5—1—4 所示。

图 5—1—4　智慧溯源登录界面

智慧溯源系统可以对超市内的农产品进行溯源等操作，主要功能包括根据电子标签溯源农产品、监控农作物生长现场（温湿度）等。

（1）种植监控

图 5—1—5 中显示的是从监控摄像头角度观察到的某种植区的现场情况，在此可以实时观察农作物的生长情况。

图 5—1—5　智慧溯源种植监控

初始化与匹配工作是在种植区现场完成的：固定在农作物上写有农作物编码的标签经读写器批量（或单个）扫描，匹配（分配）对应的种植区以及对应的种植人员，单击"确定"按钮，完成农作物种植分配。

（2）环境监控

图 5—1—6 中显示的是不同种植区、不同时间范围内的温湿度变化情况。温湿度变化曲线可以通过鼠标拖拽进行放大；当鼠标停留在某个时间点时，屏幕就会显示该时刻的温度和湿度。

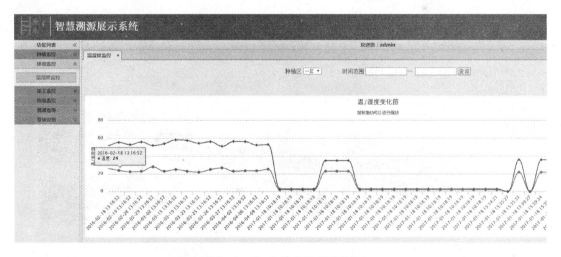

图 5—1—6　智慧溯源环境监控

（3）加工监控

智慧溯源加工监控如图 5—1—7 所示。

图 5—1—7　智慧溯源加工监控

图 5—1—7 中展示的是加工厂的实际加工环境。种植成熟后的农作物被运送到加工厂，经操作人员筛选、加工、包装并贴上带有产品码的标签，即完成农作物加工等操作。

农作物上贴的标签经读写器扫描，输入（选择或自动填充）加工区、加工人员等信息，单击"确定"按钮，完成农产品加工。

（4）物流监控

如图 5—1—8 所示，显示的是物流运转的详细信息。选择起点、终点，为产品配送物流车，可实时观察物流的状态变化。

图 5—1—8　智慧溯源物流监控

溯源查询如图 5—1—9 所示。

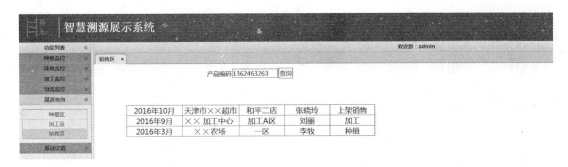

图 5—1—9　溯源查询

在图 5—1—9 中输入产品编码，单击"查询"按钮，列表将显示产品的溯源信息，包括时间、地点、操作人员、操作环节等。

任务二　冷链物流

一、任务目标

1. 了解冷链物流的基本概念。
2. 掌握物联网在冷链物流方面的应用。

二、任务前准备

1. 教师课前准备

教学用具：授课计划、纸质及电子教案、课件、黑板、粉笔、多媒体设备等。

教学管理资料：实训成绩评价标准、实训室使用记录表、仪器设备维护保养卡等。

训练用具：实训台（含计算机）、物联网开发平台、物联网实训软件、工具箱（包括螺钉旋具、尖嘴钳、万用表、镊子、传感器节点、仿真器等）、实训教程，见表5—2—1。

表 5—2—1　　　　　　　　　　训练用具清单

序号	类别	名称	数量
1	设备	实训台（含计算机）	1套
2	平台	物联网开发平台	1套
3	软件	物联网实训软件	1套
4	工具	工具箱（包括螺钉旋具、尖嘴钳、万用表、镊子、传感器节点、仿真器等）	1套
5	资料	实训教程	1套

2. 学员课前准备

理论知识点准备：冷链物流的基本概念，物联网在冷链物流方面的应用。

教材及学习用具：物联网相关教学资料（含视频、PPT 等）、实训教程、笔记本、笔。

三、任务内容

1. 冷链物流认知。

2. 冷链物流系统平台基本训练。

利用"HT_冷链物流系统平台"完成入库操作、出库操作以及物流车辆监控。

四、任务实施

1. 冷链物流认知

冷链物流是针对需要冷藏的物资（尤其是食品、药品等）的物流。其基本业务环节与一般的生产物流相似，主要区别在于所需环境参数（如温度、湿度等）的具体要求不同。

冷链物流展示实训平台主要模拟冷链产品的入库、出库、异常出库、运输等过程，商品上贴有标签（包含 RFID、一维码、二维码），标签编码信息采用分类编码，按顺序自动生成。通过固定式读写器、手持式扫描设备，可以进行 RFID、一维码、二维码识读。

冷链物流展示实训软件按功能可以分为写卡管理、入库管理、出库管理、异常出库、系统设置等。

冷链物流展示实训平台如图 5—2—1 所示。

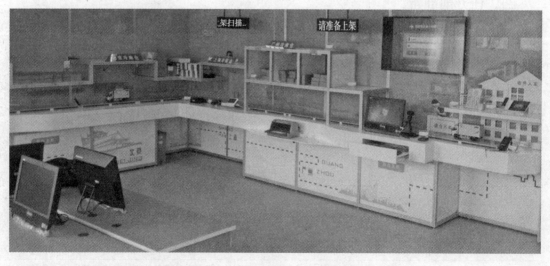

图 5—2—1　冷链物流展示实训平台

2. 冷链物流系统平台基本训练

根据实训内容的要求，进行以下实操。

打开"HT_冷链物流系统"，进入登录界面，用户名为"admin"，密码为"123456"，如图 5—2—2 所示。

图 5—2—2　冷链物流展示系统登录界面

不同地区入库的操作，如图 5—2—3 所示。

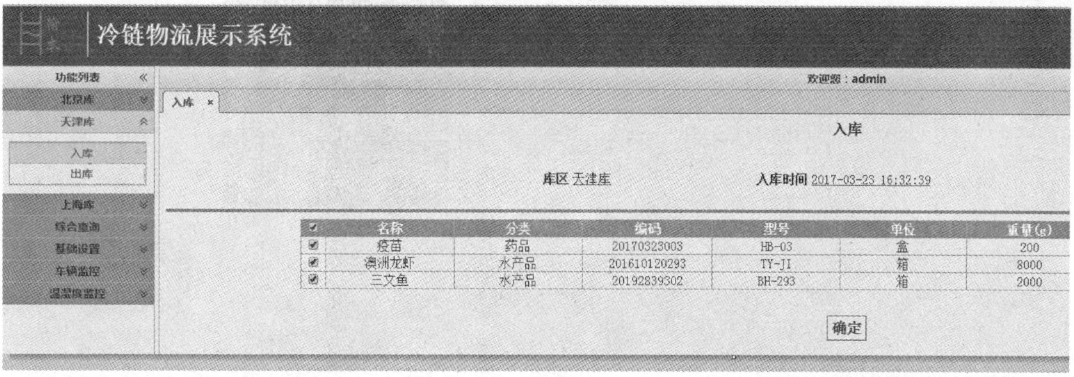

图 5—2—3　冷链物流入库操作

将标签进行写卡操作，然后贴在物品上，放置在相应库区的读写器附近，读写器批量扫描产品信息。若产品是未入库状态，会显示在列表中，单击"确定"按钮，完成入库操作。

将预出库的产品放置在相应库区的读写器附近，读写器批量扫描产品信息，显示在列表中，单击"确定"按钮，完成出库操作。系统自动记录出库区、出库时间、出库人等信息，如图5—2—4所示。

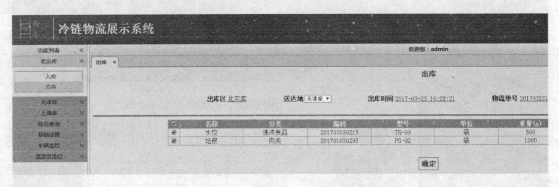

图5—2—4　冷链物流出库操作

选择起始地和终点，单击"配置小车"按钮，小车接收信息后自动完成库间调拨或外部物流，页面下方实时显示小车位置变化，如图5—2—5所示。

图5—2—5　冷链物流车辆监控

输入物流单号，单击"查询"按钮，页面下方显示此物流单号对应的产品信息以及物流变化情况，如图5—2—6所示。

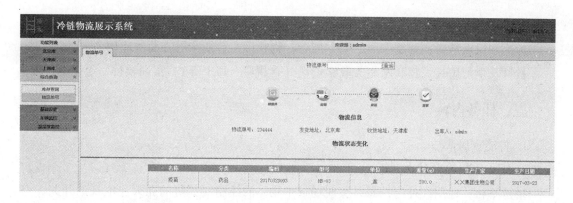

图 5—2—6　物流单号查询

任务三　智能家居

一、任务目标

1. 了解智能家居的基本概念。
2. 掌握物联网在智能家居方面的应用。

二、任务前准备

1. 教师课前准备

教学用具：授课计划、纸质及电子教案、课件、黑板、粉笔、多媒体设备等。

教学管理物品：实训成绩评价标准、实训室使用记录表、仪器设备维护保养卡等。

训练用具：实训台（含计算机）、物联网开发平台、物联网实训软件、工具箱（包括螺钉旋具、尖嘴钳、万用表、镊子、传感器节点、仿真器等）、实训教程，见表5—3—1。

表5—3—1　　　　　　　　　训练用具清单

序号	类别	名称	数量
1	设备	实训台（含计算机）	1套
2	平台	物联网开发平台	1套
3	软件	物联网实训软件	1套
4	工具	工具箱（包括螺钉旋具、尖嘴钳、万用表、镊子、传感器节点、仿真器等）	1套
5	资料	实训教程	1套

2. 学员课前准备

理论知识点准备：智能家居的基本概念，物联网在智能家居方面的应用。

教材及学习用具：物联网相关教学资料（含视频、PPT 等）、实训教程、笔记本、笔。

三、任务内容

1. 智能家居认知。

2. 智能家居平台基本训练。

搭建平台，运用红外遥控器，实现场景中物体的控制（如灯的亮灭、电视的开关、空调的开关）。

四、任务实施

1. 智能家居认知

家庭是楼宇、小区（社区）、城市的细胞，智能家居同样也是智能楼宇、智能小区（社区）、智慧城市的细胞。

基于物联网智能家居，针对家电（如灯光、厨卫电器、娱乐电器）、家具、建筑、相关环境、人员等可以进行分布式、实时信息采集，并可以本地/远程监控、手动/自动（通过手机、平板电脑、触摸屏、台式计算机等信息终端）进行相关参数调节，进而实现家居安防、远程监控、自动报警、家电控制、灯光控制、室内背景音乐控制等功能。

较传统意义上的智能家居，基于物联网的智能家居系统有以下突出特点：

（1）系统构成、操作、管理、维护便捷

智能家居控制系统是由各个子系统通过网络通信系统组合而成的，可以根据具体情况减少或者增加子系统以满足需求。

智能家居所控制的设备可以通过手机、平板电脑、触摸屏、台式计算机等信息终端及相关人机接口进行操作，管理非常方便。另外，安装、调试方便，功能部件即插即用（自动、智能配置），尤其可以使用无线方式快速部署、更换和升级。

（2）场景控制功能丰富

可以设置多种控制模式（如短期离家模式、长期离家模式、回家模式等），可以对多处、多种、多个设备进行批量操控。

2. 智能家居平台基本训练

根据实训内容的要求，进行以下实操。

（1）启动智能家居控制系统训练平台

将虚拟现实被控对象连接显示器，上电启动，进入 Windows 界面。被控对象有多路输

入输出接口（24V 电平信号；虚拟现实被控对象自身提供 24V 信号，也可以由外部 PLC
提供 24V 信号）。

图 5—3—1 所示为虚拟现实被控对象。

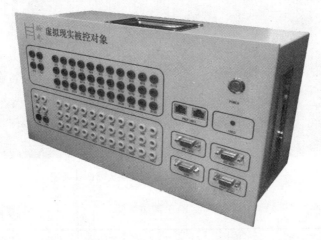

图 5—3—1　虚拟现实被控对象

选择会议室设备控制的实训，其 3D 效果图如图 5—3—2 所示。

图 5—3—2　会议室设备控制的实训 3D 效果图

（2）从实训项目中选择卧室设备控制的实训

在显示器上显示出对应的 3D 场景及控制模型，如图 5—3—3 所示。

（3）根据 IO 分配表连接导线

针对上述所选题目的 IO 分配表见表 5—3—2。

图 5—3—3 卧室设备控制的实训 3D 效果图

表 5—3—2 　　　　　　　　　　IO 分配表

I1	I2	I3
灯	空调	电视

可以手动调试（手动给信号控制 3D 模型），也可以与智能控制器（如西门子 PLC、MCU 等）联动实现自动化控制。另外，也可以运用红外遥控器控制场景中的物体（如灯的亮灭、电视的开关、空调的开关），以对智能家居有初步的体验。

（4）PLC 编写程序进行 IO 控制

PLC 编写程序进行 IO 控制，模拟家庭生活的场景，如图 5—3—4 所示。

图 5—3—4 以 PLC 作为智能家居实训平台控制中心的实物图

任务四　环境监测

一、任务目标

1. 了解环境监测的基本概念。

2. 掌握物联网在环境监测方面的应用。

二、任务前准备

1. 教师课前准备

教学用具：授课计划、纸质及电子教案、课件、黑板、粉笔、多媒体设备等。

教学管理资料：实训成绩评价标准、实训室使用记录表、仪器设备维护保养卡等。

训练用具：实训台（含计算机）、物联网开发平台、物联网实训软件、工具箱（包括螺钉旋具、尖嘴钳、万用表、镊子、传感器节点、仿真器等）、实训教程，见表5—4—1。

表5—4—1　　　　　　　　　　训练用具清单

序号	类别	名称	数量
1	设备	实训台（含计算机）	1套
2	平台	物联网开发平台	1套
3	软件	物联网实训软件	1套
4	工具	工具箱（包括螺钉旋具、尖嘴钳、万用表、镊子、传感器节点、仿真器等）	1套
5	资料	实训教程	1套

2. 学员课前准备

理论知识点准备：环境监测的基本概念，物联网在环境监测方面的应用。

教材及学习用具：物联网相关教学资料（含视频、PPT等）、实训教程、笔记本、笔。

三、任务内容

1. 环境监测认知。

2. 环境监测平台基本训练。

利用虚实结合实训平台，完成养殖区环境监控，实现对灯、空调器、排风扇等设备的控制。

四、任务实施

1. 环境监测认知

根据监测对象的不同，环境监测可以划分为水环境监测、大气环境监测、土壤环境监测、光环境监测等，所涉及的传感器主要有成分类、光电类等。

典型的基于物联网的环境监测系统中的无线传感器网络节点运用温湿度、光敏、烟感、一氧化碳、二氧化碳、二氧化氮、臭氧等传感器（模块）获取环境信息，通过（无线）通信和网络将（本地化处理过的）数据传输、汇聚到中心节点，进而传输给手机、平板电脑、触摸屏、台式计算机等信息终端。

基于物联网的环境监测系统典型的软件工作流程如图5—4—1所示。其中，终端可以显示实时/历史数据和曲线、报警信息等。

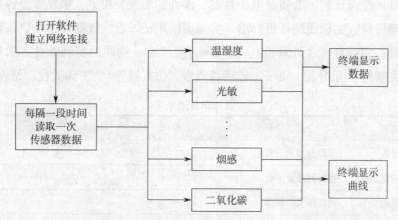

图5—4—1　环境监测系统典型的软件工作流程

2. 环境监测平台基本训练

根据实训内容的要求，进行以下实操。

以养殖区环境监控为例，养殖区实训平台如图5—4—2所示。

上电启动，养殖区传感器采集环境参数（温度、湿度、二氧化氮浓度、烟雾含量等）信息，上传至服务器。

可以通过手机、平板电脑、触摸屏、台式计算机等信息终端及相关人机接口查询养殖区传感器的实时/历史信息、实时/历史数据、实时/历史数据曲线图，进行数据分析及控制养殖区灯、空调器、排风扇等。

针对养殖区环境监控3D虚拟仿真实训平台的运行效果（需要对智能控制器，如西门子PLC、MCU等，进行接线、编程）如图5—4—3所示。

图 5—4—2　养殖区环境监控实训平台

图 5—4—3　养殖区环境监控 3D 虚拟仿真实训平台

综合评估

1. 评分表

序号	评分项目	配分	评分标准	扣分	得分
1	实训操作	60	4 道实训题，每题 15 分 根据操作步骤是否符合要求酌情给分		
2	安全操作	15	违反操作规定扣 5 分 操作完毕不整理扣 5 分 造成设备损坏和人身安全事故不得分		
3	纪律遵守	25	迟到、早退每次扣 0.5 分 旷课每次扣 2 分 上课喧哗、聊天每次扣 2 分 扣完为止		
	总分	100			

2. 自主分析

学员自主分析：

项目六

物联网实施

任务一　节点设计与实现

一、任务目标

1. 掌握物联网节点的概念。

2. 熟悉物联网节点的设计与实现。

二、任务前准备

1. 教师课前准备

教学用具：授课计划、纸质及电子教案、课件、黑板、粉笔、多媒体设备等。

教学管理资料：实训成绩评价标准、实训室使用记录表、仪器设备维护保养卡等。

训练用具：实训台（含计算机）、2 个 ZigBee 节点模块、IAR EW8051 开发套件（安装 Z–Stack 协议栈）、物联网实训软件、SmartRF04EB 或 CC Debugger 编程调试工具、实训教程，见表 6—1—1。

2. 学员课前准备

理论知识点准备：物联网节点的概念，物联网节点的设计与实现。

教材及学习用具：物联网相关教学资料（含视频、PPT 等）、实训教程、笔记本、笔。

表 6—1—1 训练用具清单

序号	类别	名称	数量
1	设备	实训台（含计算机）、2 个 ZigBee 节点模块	1 套
2	平台	IAR EW8051 开发套件（安装 Z – Stack 协议栈）	1 套
3	软件	物联网实训软件	1 套
4	工具	SmartRF04EB 或 CC Debugger 编程调试工具	1 套
5	资料	实训教程	1 套

三、任务内容

1. 传感器节点认知。

2. 节点端硬件设计平台训练。

实现 DHT11 传感器温度采集节点硬件设计。

3. 节点端软件设计平台训练。

实现 DHT11 传感器温度采集节点软件程序设计。

四、任务实施

1. 传感器节点认知

物联网节点是指存在于物联网感知层上具有感知能力的各种终端，是构成物联网最基本的组成元素，也是物联网资源整合及互联的重要对象。

针对无线传感器网络中的传感器节点一般使用电池供电，且能量不易补充的特点，通常需要专门设计低功耗且带有功耗管理的、适用于环境物联网实时监控的节点。

传感器节点通常由感知模块（包括传感器等）、信息处理模块（典型的为嵌入式系统）、通信模块（典型的为射频无线收发）以及能量供应模块等组成，其组成框图如图 6—1—1 所示。

其中，感知模块主要用于感知外界数据，也可对数据进行初步处理、加工、过滤以及 A/D 转换；信息处理模块主要用于信息处理、任务调度、设备控制等；通信模块主要用于收发数据；能量供应模块主要用于为节点的各部分提供所需电源能量。

需要特别强调的是：

（1）传感器节点组成框图是逻辑功能的示意图，各模块之间的分工界限不是绝对的，各模块的功能可能是以硬件、软件或硬件软件相结合的方式实现；进一步而言，物理上可能由于集成度等的因素会由更多或更少的硬件部件实现。

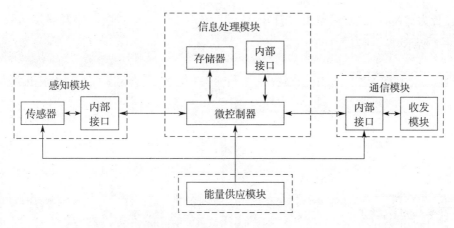

图 6—1—1　传感器节点组成框图

（2）各部分之间往往需要（硬件、软件）内部接口实现连接和匹配。

ZigBee 无线传感器网络有三种类型的设备，分别为协调器、路由器和终端节点，不同类型的设备通过 Z - Stack 的不同编译选项进行设置。协调器主要负责网络的组建、维护、控制终端节点的加入等；路由器主要负责数据包的路由选择和转发；终端节点（不具备路由功能）负责数据的采集和执行控制命令等。三种类型的设备在硬件上是一样的，但是在嵌入的软件上有所不同，需要进行类型设置。

在本部分的实训中，终端节点通过温度传感器 DHT11 采集温度数据，通过 ZigBee 无线传输给协调器，或者通过路由器传给协调器，由协调器通过串口发给计算机，由串口调试助手显示。协调器、终端节点通过串口输出，LCD 也同步刷新，本实训任务不涉及 Zig-Bee 路由器。

2. 节点端硬件设计平台训练

根据实训内容的要求，进行以下实操。

将源代码中的项目"CoodinatorEB"和"EndDeviceEB"导入开发环境进行编译，得到文件"CoodinatorEB - Pro"和"EndDeviceEB - Pro"，分别下载到开发板，具体操作步骤如下：

（1）选择 CoodinatorEB - Pro，下载到开发板 A。开发板 A 作为协调器，通过 USB 线与计算机连接。

（2）选择 EndDeviceEB - Pro，下载到开发板 B。开发板 B 作为终端设备通过无线收发与协调器进行数据通信，也可以通过 USB 线与计算机连接。

（3）给两块开发板上电，打开串口调试助手软件，选择串口号，将"波特率"设置为"9600"，"数据位"设置为"8"，"停止位"设置为"1"，"校验位"设置为"None"，"流控制"设置为"None",然后单击"打开串口"。终端连网成功后会向协调器发送数据,如图6—1—2所示。

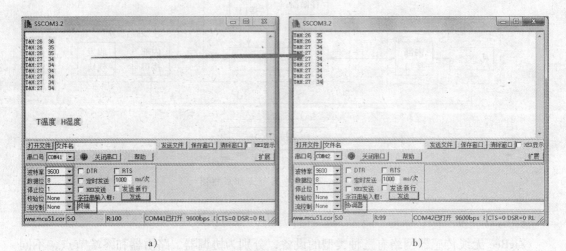

a)   b)

图6—1—2　串口助手通信效果图

a)终端节点发送数据　b)协调器节点接收数据

实训实物效果图如图6—1—3所示。

图6—1—3　实训实物效果图

3. 节点端软件设计平台训练

根据实训内容的要求,进行以下实操。

(1)复制文件

打开项目路径,将基础实验里面的"DHT11.c"和"DHT11.h"文件复制到SampleApp \ Source文件夹下,如图6—1—4所示。

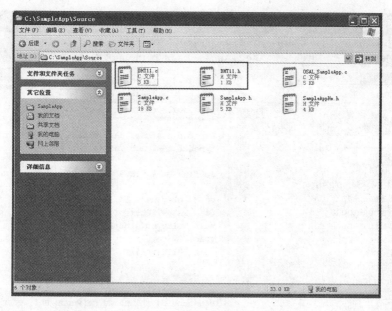

图 6—1—4　节点端软件项目路径

（2）添加文件

在协议栈的 APP 目录树下单击鼠标右键→Add→添加"DHT11. c"和"DHT11. h"文件，并在"SampleApp. c"文件中包含"DHT11. h"头文件。

（3）修改文件

修改"DH11. c"文件：将原来的延时函数改成协议栈自带的延时函数，保证时序正确，同时要包含"#include" OnBoard. h""，如图 6—1—5 所示。

（4）初始化传感器

初始化 DS18B20 传感器的配置，配置单片机 GPIO 初始值与 DS18B20 的信号引脚建立连接，如图 6—1—6 所示。

（5）读取温度数据代码

这部分是掌握 DHT11 的重点。

```
void SampleApp_ Send_ P2P_ Message （void）
{
byte i, temp［3］, humidity［3］, strTemp［7］;
DHT11 （）; //获取温湿度
//将温湿度的数值转换成字符串，供 LCD 显示
temp［0］= wendu_ shi + 0x30;
temp［1］= wendu_ ge + 0x30;
```

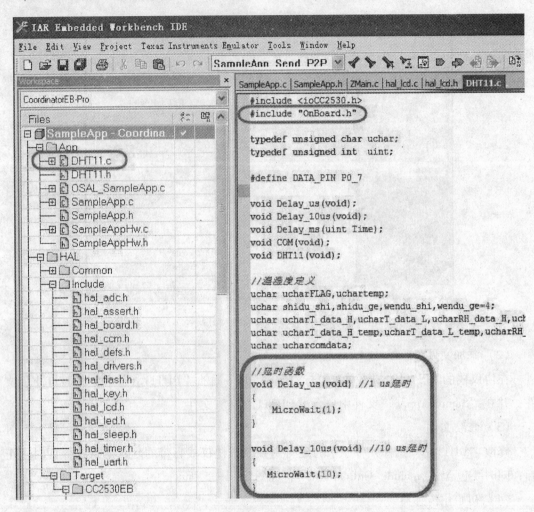

图6—1—5 软件界面

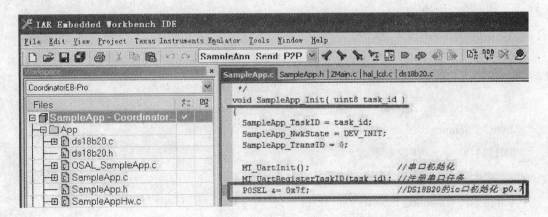

图6—1—6 初始化传感器引脚

```
temp [2] ='\ 0';
humidity [0] = shidu_shi +0x30;
humidity [1] = shidu_ge +0x30;
humidity [2] ='\ 0';
//将数据整合后方便发给协调器显示
osal_memcpy (strTemp, temp, 2);
osal_memcpy (&strTemp [2]," ", 2);
osal_memcpy (&strTemp [4], humidity, 3);
//获得的温湿度通过串口输出到计算机显示
HalUARTWrite (0,"T&H:", 4);
HalUARTWrite (0, strTemp, 6);
HalUARTWrite (0," \ n", 1);
//输出到 LCD 显示
for (i =0; i <3; i + +) //输出温度、湿度提示字符
{
if (i = =0)
{
LCD_P16x16Ch (i ∗16, 4, i ∗16);
LCD_P16x16Ch (i ∗16, 6, (i +3) ∗16);
}
else
{
LCD_P16x16Ch (i ∗16, 4, i ∗16);
LCD_P16x16Ch (i ∗16, 6, i ∗16);
}
}
LCD_P8x16Str (44, 4, temp); //LCD 显示温度值
LCD_P8x16Str (44, 6, humidity); //LCD 显示湿度值
if (AF_DataRequest (&SampleApp_P2P_DstAddr, &SampleApp_epDesc,
SAMPLEAPP_P2P_CLUSTERID,
6,
strTemp,
```

&SampleApp_TransID,

AF_DISCV_ROUTE,

AF_DEFAULT_RADIUS) = = afStatus_SUCCESS)

}

}

else

{

// Error occurred in request to send.

}

}

（6）接收数据

void SampleApp_MessageMSGCB（afIncomingMSGPacket_t * pkt）

{

uint16 flashTime;

switch（pkt -> clusterId）

{

case SAMPLEAPP_P2P_CLUSTERID：

HalUARTWrite（0,"T&H:", 4）；//提示接收到数据

HalUARTWrite（0, pkt -> cmd. Data, pkt -> cmd. DataLength）；//输出接收到的数据

HalUARTWrite（0," \ n", 1）；//回车换行

break；

case SAMPLEAPP_PERIODIC_CLUSTERID：

break；

case SAMPLEAPP_FLASH_CLUSTERID：

flashTime = BUILD_UINT16（pkt -> cmd. Data［1］, pkt -> cmd. Data［2］）；

HalLedBlink（HAL_LED_4, 4, 50,（flashTime/4））；

break；

}

}

（7）运行程序

实操效果如图 6—1—7 所示。

图 6—1—7　节点端软件设计实操效果

任务二　网络与通信软件设计与实现

一、任务目标

1. 掌握物联网的网络与通信软件的使用方法。
2. 熟悉物联网的网络与通信软件的设计方法。

二、任务前准备

1. 教师课前准备

教学用具：授课计划、纸质及电子教案、课件、黑板、粉笔、多媒体设备等。

教学管理资料：实训成绩评价标准、实训室使用记录表、仪器设备维护保养卡等。

训练用具：实训台（含计算机）、2 个 ZigBee 节点模块、IAR EW8051 开发套件（安装 Z‑Stack 协议栈）、物联网实训软件、SmartRF04EB 或 CC Debugger 编程调试工具、实训教程，见表 6—2—1。

表 6—2—1　　　　　　　　　　　　　　训练用具清单

序号	类别	名称	数量
1	设备	实训台（含计算机）、2 个 ZigBee 节点模块	1 套
2	平台	IAR EW8051 开发套件（安装 Z – Stack 协议栈）	1 套
3	软件	物联网实训软件	1 套
4	工具	SmartRF04EB 或 CC Debugger 编程调试工具	1 套
5	资料	实训教程	1 套

2. 学员课前准备

理论知识点准备：网络与通信技术及相关概念，网络与通信技术软件的设计与实现。

教材及学习用具：物联网相关教学资料（含视频、PPT 等）、实训教程、笔记本、笔。

三、任务内容

1. 网络与通信软件平台训练。

终端发出"0123456789"字符串，由协调器通过串口发送给 PC 端。

2. 网络与通信软件代码分析。

四、任务实施

1. 网络与通信软件平台训练

根据实训内容的要求，进行以下实操。

将源代码中的 NetComm 项目 CoodinatorEB 和 EndDeviceEB 导入开发环境进行编译，得到文件 CoodinatorEB – Pro 和 EndDeviceEB – Pro，分别下载到开发板，具体操作步骤如下：

（1）选择 CoodinatorEB – Pro，下载到开发板 A；开发板 A 作为协调器，通过 USB 线与计算机连接。

（2）选择 EndDeviceEB – Pro，下载到开发板 B，作为终端设备无线发送数据给协调器。

（3）给两块开发板上电，打开串口调试助手软件，选择串口号，将"波特率"设置为"9600"，"数据位"设置为"8"，"停止位"设置为"1"，"校验位"设置为"None"，"流控制"设置为"None"，然后单击"打开串口"。终端连网成功后会向协调器发送数据（默认间隔为 5 s）；把终端电源关闭，观察计算机是否仍能收到数据。

串口助手通信效果如图 6—2—1 所示。

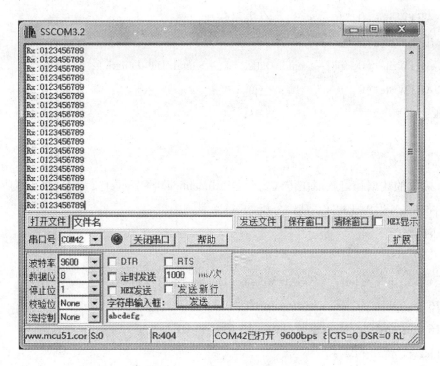

图 6—2—1　串口助手通信效果

2. 软件代码分析

（1）接收部分

接收部分软件的主要工作是读取接收到的数据并把数据通过串口发送给 PC 端。

在 SampleApp. c 中搜索 SampleApp_ ProcessEvent 函数找到如下代码。

case AF_ INCOMING_ MSG_ CMD：

SampleApp_ MessageMSGCB（MSGpkt）；

break；

上述代码中的 SampleApp_ MessageMSGCB（MSGpkt）是接收处理函数，具体分析如下。

//接收数据

void SampleApp_ MessageMSGCB（afIncomingMSGPacket_ t ＊pkt）

{

uint16　flashTime；

switch（pkt － > clusterId）

{

case SAMPLEAPP_ PERIODIC_ CLUSTERID：

HalUARTWrite（0，"Rx:"，3）；//提示信息

//输出接收到的数据

HalUARTWrite（0，pkt－>cmd. Data，pkt－>cmd. DataLength）；

HalUARTWrite（0，"\n"，1）；//回车换行

break；

}

}

所有接收的数据和信息都在传入的参数 afIncomingMSGPacket_t ∗ pkt 的结构体里，结构体 afIncomingMSGPacket_t，具体分析如下：

typedef struct

{

osal_event_hdr_t hdr；//OSAL Message header OSAL 消息头

uint16 groupId；// Message's group ID－0 if not set 消息组 ID

uint16 clusterId；//Message's cluster ID 消息族 ID

afAddrType_t srcAddr；

//Source Address，if endpoint is STUBAPS_INTER_PAN_EP，it's an InterPAN //message

源地址类型

uint16 macDestAddr；//MAC header destination short address MAC

//物理地址

uint8 endPoint；//destination endpoint MAC 目的端点

uint8 wasBroadcast；//广播地址

uint8 LinkQuality；//接收数据帧的链路质量

uint8 correlation；//接收数据帧的未加工相关值

int8 rssi；//The received RF power in units dBm 接收的射频功率

uint8 SecurityUse；//deprecated 弃用

uint32 timestamp；//receipt timestamp from MAC 收到时间标记

afMSGCommandFormat_t cmd；//Application Data 应用程序数据

} //无线数据包格式结构体

（2）发送部分

发送部分的主要工作是设置发送内容、启动定时器、周期性地发送。

在 SampleApp. c 中搜索 SampleApp_ ProcessEven 函数，找到如下代码：

case ZDO_ STATE_ CHANGE：//当网络状态改变，所有节点都会发生

SampleApp_NwkState = (devStates_t) (MSGpkt –> hdr. status);

if (//(SampleApp_NwkState = = DEV_ZB_COORD) ‖ //协议器不用发送所以屏蔽

(SampleApp_NwkState = = DEV_ROUTER) //路由器

‖ (SampleApp_NwkState = = DEV_END_DEVICE)) //终端设备

{

//Start sending the periodic message in a regular interval.

osal_start_timerEx (SampleApp_TaskID,

SAMPLEAPP_SEND_PERIODIC_MSG_EVT,

SAMPLEAPP_SEND_PERIODIC_MSG_TIMEOUT);

}

实操效果如图 6—2—2 所示，终端发出的"0123456789"字符串，协调器收到后通过串口发送到 PC 端，然后由串口调试助手显示接收到的字符串。

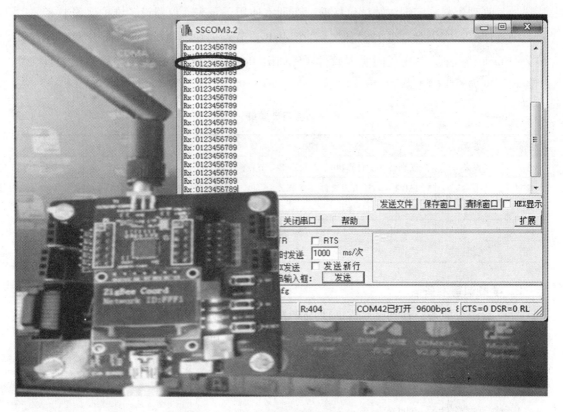

图 6—2—2　网络与通信软件实操效果

任务三　移动终端软件设计与实现

一、任务目标

1. 掌握物联网移动端软件的使用方法。

2. 熟悉物联网移动端软件的设计方法。

二、任务前准备

1. 教师课前准备

教学用具：授课计划、纸质及电子教案、课件、黑板、粉笔、多媒体设备等。

教学管理资料：实训成绩评价标准、实训室使用记录表、仪器设备维护保养卡等。

训练用具：实训台（含计算机）、2 个 ZigBee 节点模块、IAR EW8051 开发套件（安装 Z－Stack 协议栈）、物联网实训软件、SmartRF04EB 或 CC Debugger 编程调试工具、实训教程，见表 6—3—1。

表 6—3—1　　　　　　　　　　　　训练用具清单

序号	类别	名称	数量
1	设备	实训台（含计算机）、2 个 ZigBee 节点模块	1 套
2	平台	IAR EW8051 开发套件（安装 Z－Stack 协议栈）	1 套
3	软件	物联网实训软件	1 套
4	工具	SmartRF04EB 或 CC Debugger 编程调试工具	1 套
5	资料	实训教程	1 套

2. 学员课前准备

理论知识点准备：移动端软件的使用方法，移动端软件的设计方法。

教材及学习用具：物联网相关教学资料（含视频、PPT 等）、实训教程、笔记本、笔。

三、任务内容

1. 移动端软件平台训练。

要求如下：

实现实时显示温湿度与烟雾传感器检测值，以及对 LED 亮灭等远程控制。

2. 移动端软件代码分析。

四、任务实施

1. 移动端软件平台训练

根据实训内容的要求，进行以下操作。

将编写好的移动端软件用 eclipse（一个开放源代码的、基于 Java 的可扩展开发平台）开发环境生成 App，下载到手机上安装成功后，手机移动端软件界面如图 6—3—1 所示。

图 6—3—1　移动端软件界面

手机移动端可以实时监测各终端的温湿度信息，并控制各终端灯的亮灭等。

2. 软件代码分析

```
class ButtonClick implements OnClickListener {
    @ Override
    public void onClick（View v）{
        if（clientThread = = null && （v. getId（）!  = R. id. btn_ exit）&& （v. getId（）!
= R. id. btn_ network））{
            textTips. setText（"提示信息：请先连接网络"）;
            return;
        }
```

```
        switch（v. getId（））{
    case R. id. btn_network：//连接网络
        showDialog（MainActivity. this）;
        break;
    case R. id. btn_lamp_all：//广播操作开关所有灯
        MainMsg = mainHandler. obtainMessage（TX_DATA_UPC_UI, WRITE_
LAMP_ALL, 0xFF）;
        mainHandler. sendMessage（MainMsg）;
        break;
    case R. id. image_lamp1：//开关终端1的灯
        MainMsg = mainHandler. obtainMessage（TX_DATA_UPC_UI, WRITE_
LAMP, 1）;
        mainHandler. sendMessage（MainMsg）;
        break;
    case R. id. image_lamp2：
        MainMsg = mainHandler. obtainMessage（TX_DATA_UPC_UI, WRITE_
LAMP, 2）;
        mainHandler. sendMessage（MainMsg）;
        break;
    case R. id. image_lamp3：
        MainMsg = mainHandler. obtainMessage（TX_DATA_UPC_UI, WRITE_
LAMP, 3）;
        mainHandler. sendMessage（MainMsg）;
        break;
    case R. id. image_lamp4：
        MainMsg = mainHandler. obtainMessage（TX_DATA_UPC_UI, WRITE_
LAMP, 4）;
        mainHandler. sendMessage（MainMsg）;
        break;
    case R. id. btn_scenes：//停止自动刷新功能
        mainTimer. cancel（）;
        break;
```

```
    case R. id. btn_exit：//退出系统
  if（clientThread！ = null）{
    MainMsg = ClientThread. childHandler
        . obtainMessage（ClientThread. RX_EXIT）；
    ClientThread. childHandler. sendMessage（MainMsg）；
  }
  finish（）；
  break；
  }
  }
}
```

任务四　服务器端软件设计与实现

一、任务目标

1. 掌握物联网服务器端软件的使用方法。
2. 熟悉物联网服务器端软件的设计方法。

二、任务前准备

1. 教师课前准备

教学用具：授课计划、纸质及电子教案、课件、黑板、粉笔、多媒体设备等。

教学管理资料：实训成绩评价标准、实训室使用记录表、仪器设备维护保养卡等。

训练用具：实训台（含计算机）、2 个 ZigBee 节点模块、IAR EW8051 开发套件（安装 Z‒Stack 协议栈）、物联网实训软件、SmartRF04EB 或 CC Debugger 编程调试工具、实训教程，见表 6—4—1。

2. 学员课前准备

理论知识点准备：服务器端软件的使用方法，服务器端软件的设计方法。

教材及学习用具：物联网相关教学资料（含视频、PPT 等）、实训教程、笔记本、笔。

表 6—4—1 训练用具清单

序号	类别	名称	数量
1	设备	实训台（含计算机）、2 个 ZigBee 节点模块	1 套
2	平台	IAR EW8051 开发套件（安装 Z – Stack 协议栈）	1 套
3	软件	物联网实训软件	1 套
4	工具	SmartRF04EB 或 CC Debugger 编程调试工具	1 套
5	资料	实训教程	1 套

三、任务内容

1. 服务器端软件平台训练。

实现实时显示温湿度与烟雾传感器检测值，以及对 LED 亮灭等远程控制。

2. 服务器端软件代码分析。

四、任务实施

1. 服务器端软件平台训练

根据实训内容的要求，进行以下操作。

系统开发涉及 LED 模块、IP 地址配置模块、串口模块、温湿度模块等。

编译生成可执行代码。图 6—4—1 中，物联网服务器端软件展示的是智能家居无线监控系统界面，系统在远程 PC 端上监控家居环境，可以实现实时显示温湿度信息、灯光、气体异常报警等，还可以查看各终端的温湿度变化趋势等。

2. 软件代码分析

软件采用 VC + +语言，部分软件代码分析如下：

```
#include "stdafx. h"
#include "RFonline. h"
#include "RFonlineDlg. h"
#ifdef _DEBUG
#define new DEBUG_NEW
#undef THIS_FILE
static char THIS_FILE [] = __FILE__;
#endif
//CRFonlineApp
```

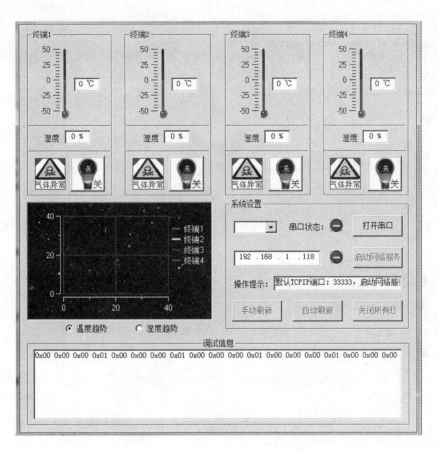

图 6—4—1 服务器端软件界面

BEGIN_ MESSAGE_ MAP （CRFonlineApp， CWinApp）

　// ｛ ｛AFX_ MSG_ MAP （CRFonlineApp）

　　　//NOTE – the ClassWizard will add and remove mapping macros here.

　　　//DO NOT EDIT what you see in these blocks of generated code！

　　//｝｝ AFX_ MSG

　　ON_ COMMAND （ID_ HELP， CWinApp：： OnHelp）

END_ MESSAGE_ MAP （）

//CRFonlineApp construction

CRFonlineApp：： CRFonlineApp （）

｛

　　//TODO：add construction code here，

　　//Place all significant initialization in InitInstance

```
}
//The one and only CRFonlineApp object
CRFonlineApp theApp;
//CRFonlineApp initialization
BOOL CRFonlineApp:: InitInstance ()
{
  if (! AfxSocketInit ())
    {
      AfxMessageBox (IDP_SocketS_INIT_FAILED);
      return FALSE;
    }
  AfxEnableControlContainer ();
  //Standard initialization
  //If you are not using these features and wish to reduce the size
  //of your final executable, you should remove from the following
  //the specific initialization routines you do not need.
#ifdef _AFXDLL
  Enable3dControls ();    //Call this when using MFC in a shared DLL
#else
  Enable3dControlsStatic ();    //Call this when linking to MFC statically
#endif

  CRFonlineDlg dlg;
  m_pMainWnd = &dlg;
  int nResponse = dlg. DoModal ();
  if (nResponse = = IDOK)
    {
      //TODO: Place code here to handle when the dialog is
      //dismissed with OK
    }
  else if (nResponse = = IDCANCEL)
    {
```

```
    //TODO：Place code here to handle when the dialog is
    //dismissed with Cancel
}


    //Since the dialog has been closed，return FALSE so that we exit the
    //application，rather than start the application's message pump.
    return FALSE；
}
```

任务五　系统联调

一、任务目标

熟悉物联网系统联调与实施的方法。

二、任务前准备

1. 教师课前准备

教学用具：授课计划、纸质及电子教案、课件、黑板、粉笔、多媒体设备等。

教学管理资料：实训成绩评价标准、实训室使用记录表、仪器设备维护保养卡等。

训练用具：实训台（含计算机）、2 个 ZigBee 节点模块、IAR EW8051 开发套件（安装 Z‑Stack 协议栈）、物联网实训软件、SmartRF04EB 或 CC Debugger 编程调试工具、实训教程，见表 6—5—1。

表 6—5—1　　　　　　　　　　训练用具清单

序号	类别	名称	数量
1	设备	实训台（含计算机）、2 个 ZigBee 节点模块	1 套
2	平台	IAR EW8051 开发套件（安装 Z‑Stack 协议栈）	1 套
3	软件	物联网实训软件	1 套
4	工具	SmartRF04EB 或 CC Debugger 编程调试工具	1 套
5	资料	实训教程	1 套

2. 学员课前准备

理论知识点准备：物联网系统联调与实施的方法。

教材及学习用具：物联网相关教学资料（含视频、PPT 等）、实训教程、笔记本、笔。

三、任务内容

1. 基于 4 个 ZigBee 节点构成系统。

2. 联调。

现场观察节点运行状态，通过 PC 端软件和移动端软件监控节点状态和环境信息。

四、任务实施

根据实训内容的要求，进行以下操作。

系统联调与实施中，需要将 PC 端软件和移动端软件、ZigBee 节点等通过通信和网络等构成完整、正常的运行系统。

ZigBee 节点运行状态如图 6—5—1 所示。

图 6—5—1　ZigBee 节点运行状态

PC 端软件界面如图 6—5—2 所示。

移动端软件界面如图 6—5—3 所示。

调试并实施成功后，PC 端和移动端可以同时监控 4 个 ZigBee 节点状态和环境信息等。

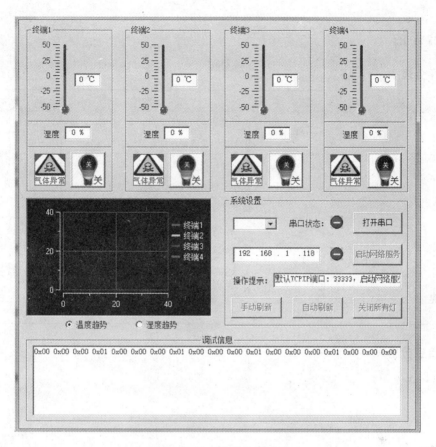

图 6—5—2 PC 端软件界面

图 6—5—3 移动端软件界面

综合评估

1. 评分表

序号	评分项目	配分	评分标准	扣分	得分
1	实训操作	70	10 道实训题，每题 7 分 根据操作步骤是否符合要求酌情给分		
2	安全操作	15	违反操作规定扣 5 分 操作完毕不整理扣 5 分 造成设备损坏和人身安全事故不得分		
3	纪律遵守	15	迟到、早退每次扣 0.5 分 旷课每次扣 2 分 上课喧哗、聊天每次扣 2 分 扣完为止		
	总分	100			

2. 自主分析

学员自主分析：

项目七

物联网仿真

任务一　OMNeT++5.0软件的安装与运行

一、任务目标

1. 进一步理解仿真、离散事件仿真的概念。

2. 掌握 OMNeT++5.0 软件的安装。

3. 掌握 OMNeT++5.0 的项目运行。

二、任务前准备

1. 教师课前准备

教学用具：授课计划、纸质及电子教案、课件、黑板、粉笔、多媒体设备等。

教学管理资料：实训成绩评价标准、实训室使用记录表、仪器设备维护保养卡等。

训练用具：实训台（含计算机）、OMNeT++仿真软件、工具箱（包括螺钉旋具、尖嘴钳、万用表、镊子等）、实训教程，见表7—1—1。

表7—1—1　　　　　　　　　　　　　训练用具清单

序号	类别	名称	数量
1	设备	实训台（含计算机）	1套
2	软件	OMNeT++仿真软件	1套
3	工具	工具箱（包括螺钉旋具、尖嘴钳、万用表、镊子等）	1套
4	资料	实训教程	1套

2. 学员课前准备

理论知识点准备：OMNeT++5.0 软件的安装，OMNeT++5.0 的项目运行。

教材及学习用具：物联网相关教学资料（含视频、PPT 等）、实训教程、笔记本、笔。

三、任务内容

1. 按照 OMNeT + +5.0 软件安装步骤完成仿真软件安装。

2. 运行 OMNeT + +5.0 仿真软件，观察运行结果。

注：OMNeT + +是一个免费的、开源的多协议网络仿真软件，在网络仿真领域中占有十分重要的地位。OMNeT + +英文全称是 Objective Modular Network Testbed in C + +，是近年来在科学和工业领域里逐渐流行的一种基于组件的模块化的开放的网络仿真平台。OMNeT + +作为离散事件仿真器，具备强大完善的图形界面接口。

四、任务实施

1. OMNeT + + 5.0 软件的安装

根据实训内容的要求，进行以下操作。

（1）进入 OMNeT + +安装目录（见图 7—1—1），双击并运行"mingwenv. cmd"，出

名称	修改日期	类型	大小
bin	2016/4/14 13:58	文件夹	
contrib	2018/6/20 18:03	文件夹	
doc	2018/6/20 18:03	文件夹	
ide	2018/6/20 18:03	文件夹	
images	2018/6/20 18:03	文件夹	
include	2018/6/20 18:03	文件夹	
lib	2016/4/14 13:58	文件夹	
misc	2018/6/20 18:03	文件夹	
samples	2018/6/20 18:03	文件夹	
src	2018/6/20 18:03	文件夹	
test	2018/6/20 18:03	文件夹	
tools	2018/6/20 18:03	文件夹	
configure	2016/4/14 13:57	文件	244 KB
configure.in	2016/4/14 13:57	IN 文件	58 KB
configure.user	2016/4/14 13:59	每用户项目选项文	8 KB
INSTALL.txt	2016/4/14 13:59	文本文档	1 KB
Makefile	2016/4/14 13:57	文件	11 KB
Makefile.inc.in	2016/4/14 13:57	IN 文件	5 KB
MIGRATION.txt	2016/4/14 13:59	文本文档	2 KB
mingwenv.cmd	2016/4/14 13:59	Windows 命令脚本	1 KB
README.txt	2016/4/14 13:59	文本文档	5 KB
Version	2016/4/14 13:57	文件	1 KB
WHATSNEW.txt	2016/4/14 13:59	文本文档	182 KB

图 7—1—1 OMNeT + +安装目录

现命令行界面（见图 7—1—2），单击任意键继续。

图 7—1—2　运行"mingwenv. cmd"出现的命令行界面

（2）在命令行界面输入"./configure"（见图 7—1—3），进行配置。

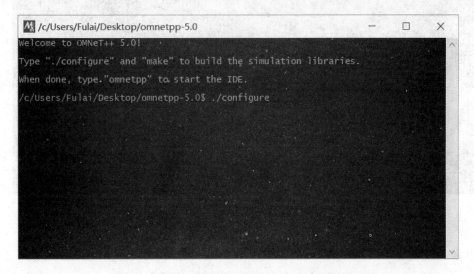

图 7—1—3　在命令行界面输入"./configure"

（3）在命令行界面输入"make"命令（见图7—1—4），进行编译。

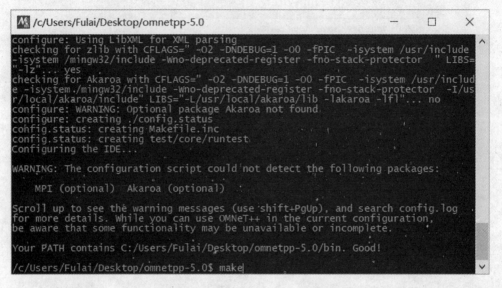

图7—1—4　在命令行界面输入"make"命令

命令行执行完毕，出现如图7—1—5所示的界面。

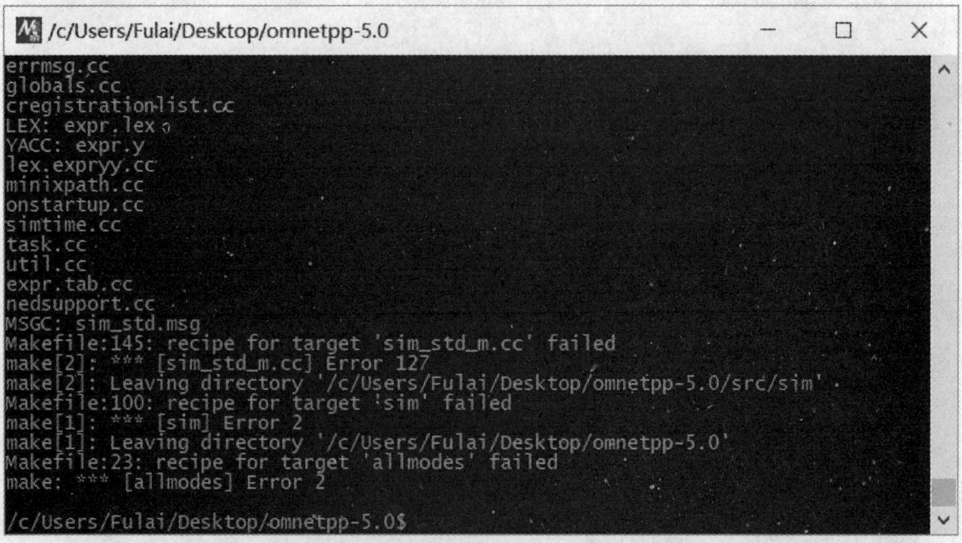

图7—1—5　命令行执行完毕出现的界面

在命令行中输入"omnetpp"（见图7—1—6）运行仿真软件。

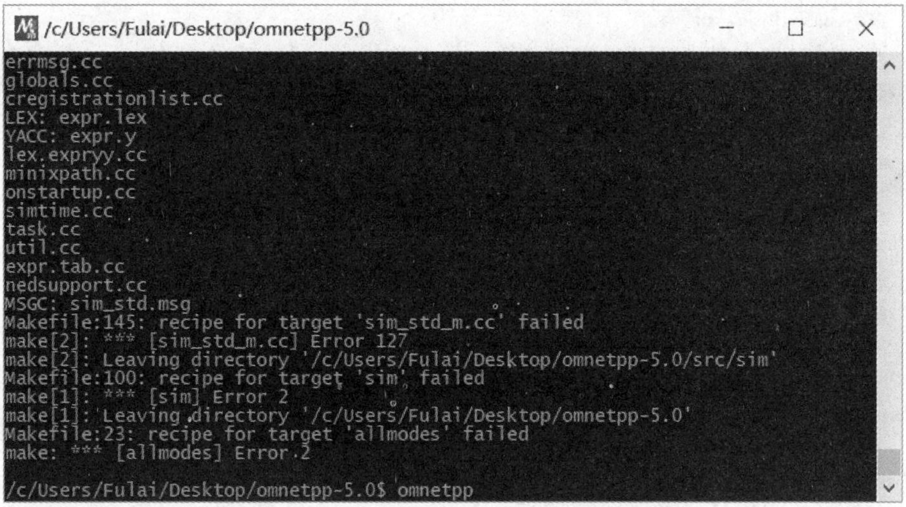

图7—1—6　在命令行中输入"omnetpp"

2. OMNeT + + 5.0 软件的运行

如果是第一次启动 OMNeT + + 仿真软件，则会被要求设置工作目录，设置工作目录如图7—1—7所示。

图7—1—7　设置工作目录

（1）单击选择"Workbench"（见图7—1—8）后，进入"OMNeT + + IDE"界面（见图7—1—9）。

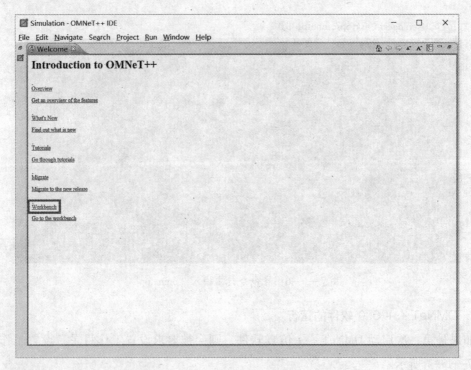

图 7—1—8　单击选择"Workbench"

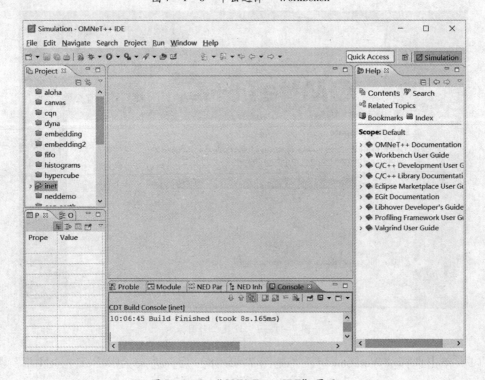

图 7—1—9　"OMNeT + + IDE"界面

（2）在"Project Explorer"上右击，对已有的文件选择"Open Project"（打开项目），如图7—1—10所示；对新建文件，选择"New"。

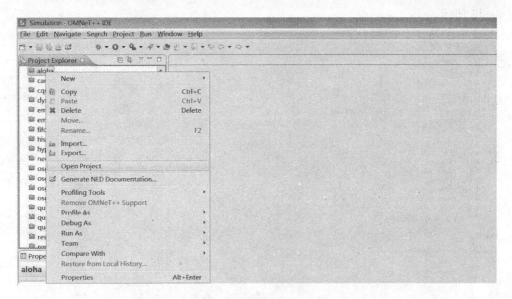

图7—1—10　打开仿真软件项目

（3）在项目名"aloha"上右击，选择"Build Project"，如图7—1—11所示。

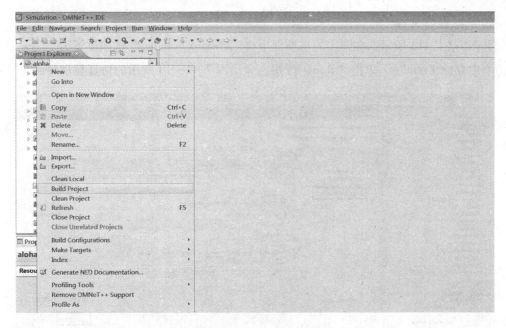

图7—1—11　编译项目

（4）编译完成后，运行仿真

右键单击"aloha"，弹出快捷菜单，选择"Run As"→"Run Configurations"，如图7—1—12所示。

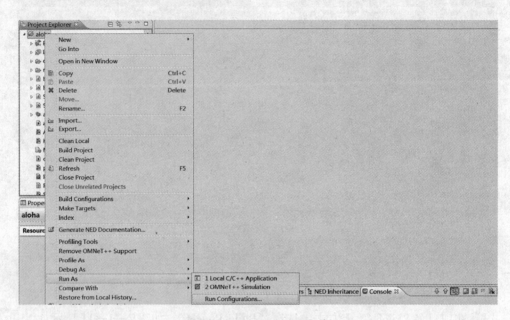

图7—1—12 运行配置向导

（5）设置选项

如图7—1—13所示，在弹出的选项框中将"Record eventlog"选项设置为"Yes"，表示仿真中存储Eventlog，单击"Run"按钮，弹出图7—1—14所示的仿真显示界面。

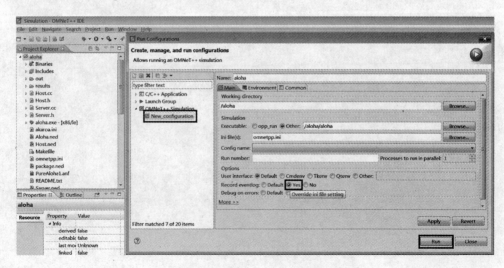

图7—1—13 设置配置参数

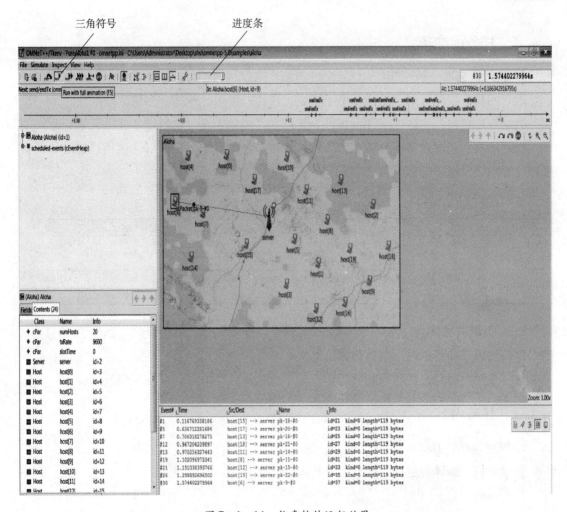

图 7—1—14　仿真软件运行效果

（6）仿真运行

单击图 7—1—14 所示仿真显示界面中的"Run"按钮（"Run"按钮旁边的三角符号以及进度条能够调节仿真速度）。

任务二　网络仿真

一、任务目标

1. 掌握网络基础仿真的基本操作。
2. 掌握 Socket 仿真的基本操作。

二、任务前准备

1. 教师课前准备

教学用具：授课计划、纸质及电子教案、课件、黑板、粉笔、多媒体设备等。

教学管理资料：实训成绩评价标准、实训室使用记录表、仪器设备维护保养卡等。

训练用具：实训台（含计算机）、OMNeT＋＋仿真软件、工具箱（包括螺钉旋具、尖嘴钳、万用表、镊子等）、实训教程，见表7—2—1。

表7—2—1　　　　　　　　　　训练用具清单

序号	类别	名称	数量
1	设备	实训台（含计算机）	1套
2	软件	OMNeT＋＋仿真软件	1套
3	工具	工具箱（包括螺钉旋具、尖嘴钳、万用表、镊子等）	1套
4	资料	实训教程	1套

2. 学员课前准备

理论知识点准备：网络基础仿真，Socket仿真。

教材及学习用具：物联网相关教学资料（含视频、PPT等）、实训教程、笔记本、笔。

三、任务内容

1. 网络基础仿真。

创建项目，编译与运行，观察、分析运行结果。

2. Socket仿真。

建立Socket项目，设置网络环境；运行Socket仿真程序，观察、分析运行结果。

注：socket中文名为套接字，网络上的两个程序通过一个双向的通信连接实现数据的交换，这个连接的一端称为一个socket。

四、任务实施

随着网络新技术、新应用的产生和发展，网络仿真技术已经成为研究、设计、规划网络不可或缺的工具。

1. 网络基础仿真

根据实训内容的要求，进行以下操作。

（1）创建项目及包含的模块

新建一个仿真项目，创建一个NED文件。NED语言主要是用来描述网络仿真模型结构的，类似于NS2环境下的TCL。

建立所需要的 server、switch、serverprocess 文件，如图 7—2—1 所示。

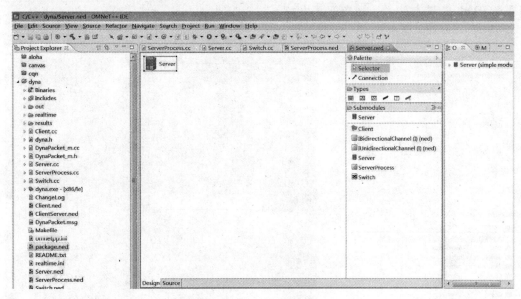

图 7—2—1　创建 NED 文件

（2）创建所需的程序文件

创建所需的程序文件 server. cc、switch. cc、serverprocess. cc，如图 7—2—2 所示。

图 7—2—2　程序截图

（3）编译、运行、分析

编译运行 Socket 项目后，效果如图 7—2—3 所示。

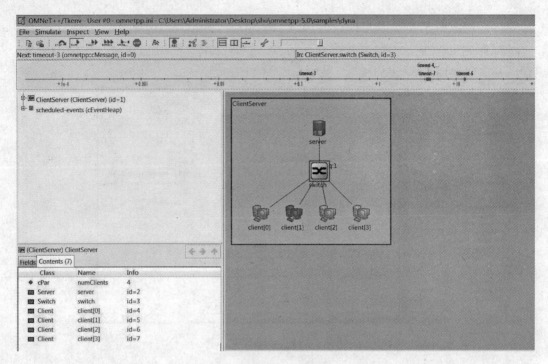

图7—2—3 基础仿真程序运行效果

运行该仿真程序生成"results"文件夹，打开其中的"General – 0. elog"文件，如图7—2—4 所示。

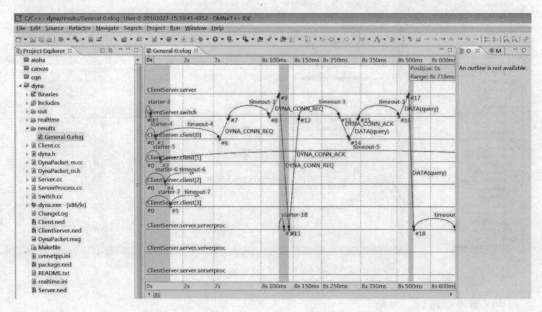

图7—2—4 基础仿真运行结果直观分析

2. Socket 仿真

根据实训内容的要求，进行以下操作。

（1）建立 Socket 项目

模拟仿真多个 Socket 端口通信，需要通过右键单击"socket"→"Properties"（见图 7—2—5），打开"Properties for sockets"对话框，选择"Project Reference"，然后在对话框右侧选中"queueinglib"复选框，如图 7—2—6 所示。

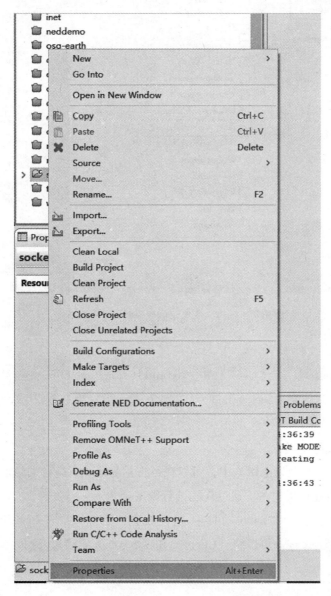

图 7—2—5　右键单击"socket"→"Properties"

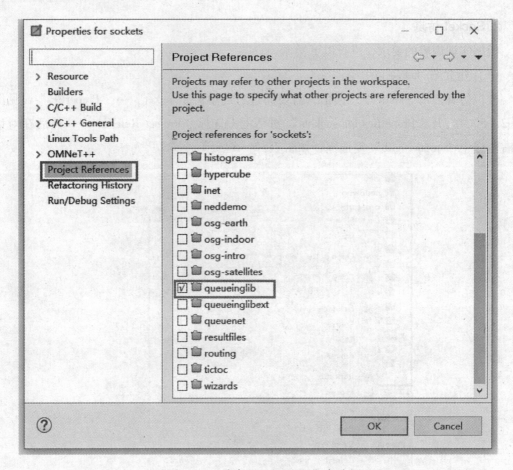

图 7—2—6　选中"queueinglib"复选框

（2）创建 NED 文件

右键单击"socket"→"New"→"NetworkDescription File"，新建一个 NED 文件（见图 7—2—7），命名为"Socket.ned"（见图 7—2—8）；生成 NED 文件后出现该文件的可视化编辑界面，如图 7—2—9 所示。

（3）图形化编程与设置

在 OMNeT++5.0 及以上版本中，可以在可视化的环境下进行网络环境的设置，生成 NED 文件；也可以在代码视图下通过代码进行设置。

在图 7—2—9 右侧的"Submodules"里面找到项目中的"TelnetClient"和"Telnet-Server"，拖到工作区，进而可以将"Client"和"Server"连接起来。

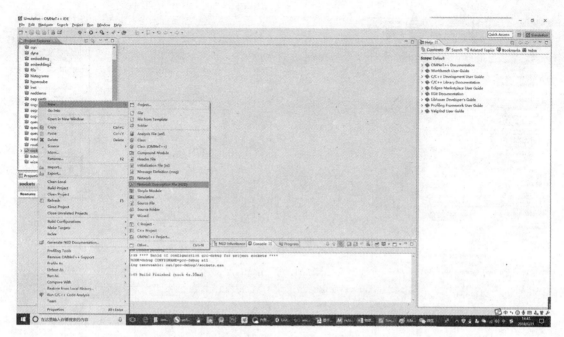

图 7—2—7　新建一个 NED 文件

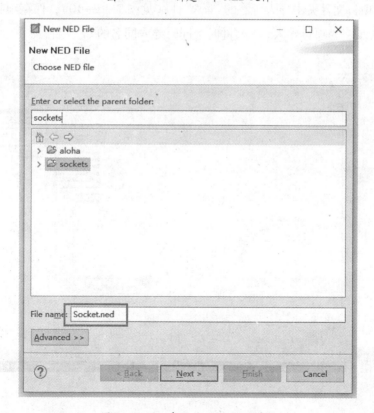

图 7—2—8　命名为 "Socket. ned"

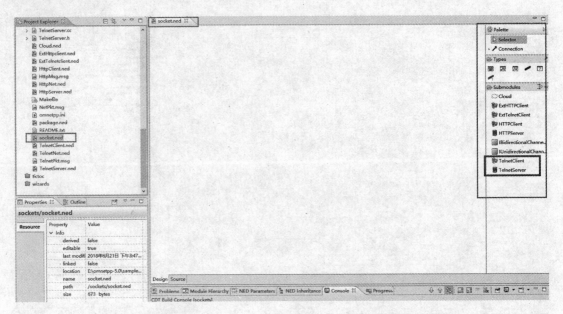

图 7—2—9 "Socket" 项目 NED 文件界面

从 Socket 项目文件夹中导入所需的 .cc 文件（见图 7—2—10），保存项目并运行，如图 7—2—11 所示，为项目导入 .cc 文件时会同时导入同名的 .h 文件。

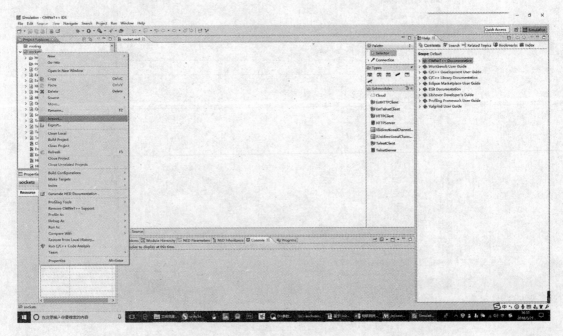

a)

b)

c)

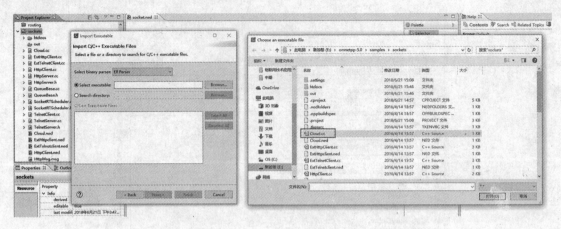

d)

图 7—2—10　导入 . cc 文件

a）选择"Import"　b）打开"Import"对话框　c）选择可执行文件　d）选择"Cloud. cc"文件

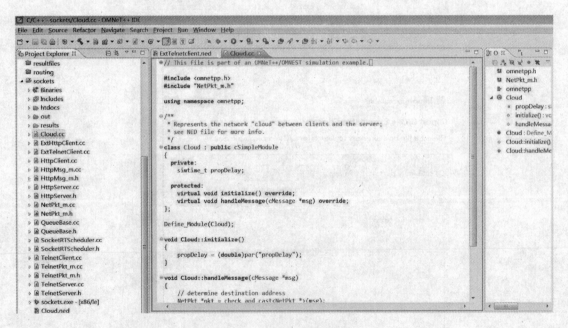

图 7—2—11　Socket 项目配置文件

（4）编译、运行、分析

编译运行后，效果如图 7—2—12 所示。

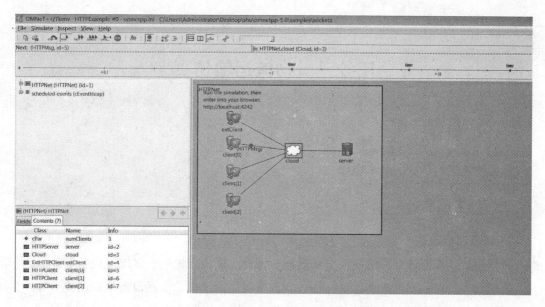

图 7—2—12　Socket 仿真程序运行效果

运行该仿真程序生成"results"文件夹，打开其中的"General－0. elog"文件，如图
7—2—13 所示。

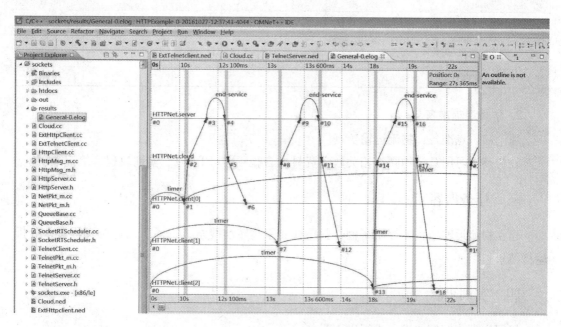

图 7—2—13　Socket 仿真运行结果直观分析

任务三　物流运输仿真

一、任务目标

掌握物流运输仿真的基本操作。

二、任务前准备

1. 教师课前准备

教学用具：授课计划、纸质及电子教案、课件、黑板、粉笔、多媒体设备等。

教学管理资料：实训成绩评价标准、实训室使用记录表、仪器设备维护保养卡等。

训练用具：实训台（含计算机）、OMNeT＋＋仿真软件、工具箱（包括螺钉旋具、尖嘴钳、万用表、镊子等）、实训教程，见表7—3—1。

表7—3—1　　　　　　　　　　　　训练用具清单

序号	类别	名称	数量
1	设备	实训台（含计算机）	1套
2	软件	OMNeT＋＋仿真软件	1套
3	工具	工具箱（包括螺钉旋具、尖嘴钳、万用表、镊子等）	1套
4	资料	实训教程	1套

2. 学员课前准备

理论知识点准备：物流运输仿真。

教材及学习用具：物联网相关教学资料（含视频、PPT等）、实训教程、笔记本、笔。

三、任务内容

建立物流运输项目，控制车辆行驶路线和雷达转动搜索，编译、运行仿真程序，分析运行结果。

四、实训步骤

根据实训内容的要求，进行以下操作。

1. 建立物流运输项目

按照本项目任务二的方法新建一个仿真项目，从项目所在文件夹的"images"文件夹导入所需要的图片，如图 7—3—1 所示。

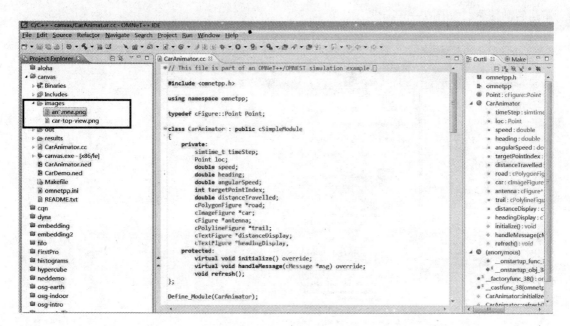

图 7—3—1　项目导入图片

建立 CarDemo. ned 文件，单击图 7—3—2 中的"animator"图标可配置其参数。

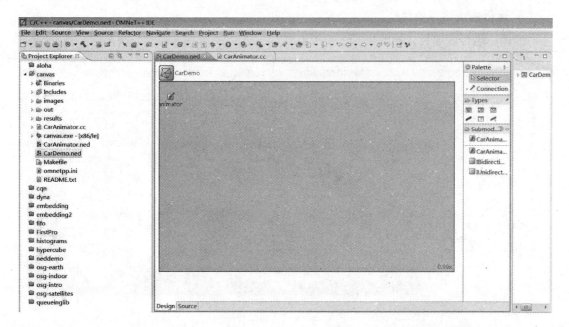

图 7—3—2　项目配置

新建 CarAnimator. cc 文件，控制车辆的移动轨迹，代码的主要功能是车辆行驶路线和雷达转动搜索，如图 7—3—3 所示。

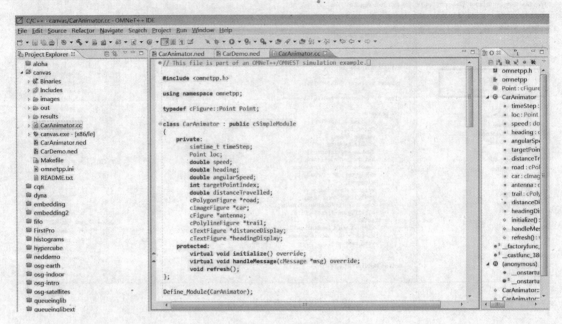

图 7—3—3　项目部分代码

2. 运行物流运输项目

编译、运行该项目，如图 7—3—4 所示。

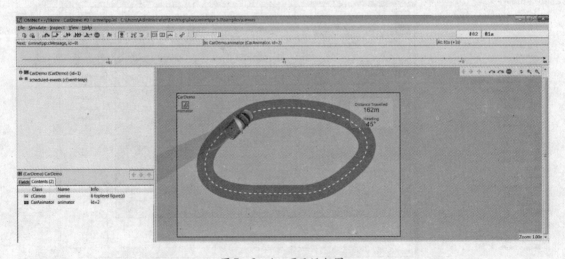

图 7—3—4　项目运行图

通过仿真建模和仿真分析，可以将现实配送系统中的典型随机因素和不确定因素考虑进来，通过仿真运行，对运输、人员成本、系统资源利用率等系统状况进行分析，明确系统改进途径和优化系统参数，为实际的物流配送系统等的决策提供参考。

综合评估

1. 评分表

序号	评分项目	配分	评分标准	扣分	得分
1	实训操作	60	4 道实训操作题，每题 15 分，共 60 分 根据操作步骤是否符合要求酌情给分		
2	安全操作	15	违反操作规定扣 5 分 操作完毕不整理扣 5 分 造成设备损坏和人身安全事故不得分		
3	纪律遵守	25	迟到、早退每次扣 0.5 分 旷课每次扣 2 分 上课喧哗、聊天每次扣 2 分 扣完为止		
	总分	100			

2. 自主分析

学员自主分析：

参考答案

项目一

1. 填空题

（1）全面感知　可靠传递　智能处理

（2）分布式处理　并行计算　集群计算　网格计算

（3）物联网

2. 简答题

（1）根据物联网的应用服务类型、节点与部件的集成度等具体情况，物联网的体系架构划分为两种典型情况，第一种是由感知层、接入层、网络层和应用层组成的四层物联网体系架构；第二种是由感知层、网络层和应用层组成的三层物联网体系架构。根据对物联网的研究、技术和产业的实践观察，目前业界较普遍地使用物联网三层体系架构，并依此概括描绘物联网系统架构。

（2）大数据又称巨量资料、海量资料，指的是所涉及的信息、数据和资料量的规模大到无法用传统软件工具，在合理时间内达到获取、管理、处理并整理成为帮助有效（效率、效益、效果）使用的目的。大数据是由数量巨大、结构复杂、类型众多的数据构成的数据集合，可以基于云计算的数据处理与应用模式，通过数据的整合共享、交叉复用，形成的智力资源和知识服务能力。

（3）工业 4.0 是 CPS（Cyber - Physical System，信息物理系统）在制造业中的应用。工业 4.0 是通过互联网等通信网络将工厂与工厂内外的事物和服务连接起来，创造前所未有的价值，构建新的商业模式。

项目二

1. 填空题

（1）无源标签　半有源标签　有源标签

（2）对话框报警　声光报警　短信报警

2. 简答题

（1）以无源标签为例，读写器通过天线发出含有信息的射频信号，当射频标签进入读写器的有效读写范围时，标签中的天线通过耦合产生感应电流而获取能量，通过自身的编码处理，将信息通过载波信号发回给读写器。读写器接收到电子标签返回的信号，经过解调和解码后，将标签内部的数据识别出来，进一步可以通过计算机数据采集系统对数据进行保存、分析、处理等。

（2）ZigBee 协议是一系列的通信标准，通信双方需要共同按照这一标准进行正常的数据发射和接收。协议栈是协议的具体实现形式，可以理解为协议和用户之间的一个接口、代码、函数库；开发人员通过使用协议栈来使用协议，进而实现数据收发。

项目三

简答题

写卡，点检、巡检，盘点，入库、出库。

项目四

简答题

三维仿真软件 FlexSim 是美国 FlexSim 软件公司开发的基于 Windows 的、面向对象的仿真软件和仿真环境，可用于建立离散事件流程过程，实现生产流程等领域的三维可视化，进而可以帮助用户实现资源配置、产能、排程、在制品及库存和成本等方面的规划、优化。

FlexSim 采用图形化编程方式，用户只需用鼠标从模型库里拖动所需的模型到模型视图，就可以实现快速建模。

FlexSim 的仿真过程数据和结果数据可以通过丰富的表格、图形等方式展示，并可以结合丰富的预定义和自定义行为指示器（如用处、生产量、研制周期、费用等）进行分析。

附录

英文缩写的英文全称及中文含义

英文简称	英文全称	中文含义
PPT	PowerPoint	演示文稿
RFID	Radio Frequency Identification	射频识别
M2M	Machine to Machine	机器对机器
GPS	Global Positioning System	全球定位系统
TRON	The Real time Operating system Nucleus	实时操作系统内核
Auto – ID	Automatic IDentification	自动识别
EPC	Electronic Product Code	产品电子代码
IT	Information Technology	信息技术
EPC global	Electronic Product Code global	全球产品电子代码中心
IBM	International Business Machines Corporation	国际商业机器公司
TESCO	TESCO	特易购
ITU	International Telecommunication Union	国际电信联盟
MEMS	Micro Electro Mechanical System	微电子机械系统
SOA	Service Oriented Architecture	面向服务的体系结构
CPS	Cyber Physical System	信息物理系统
PLM	Product Lifecycle Management	产品生命周期管理
SCM	Software Configuration Management	软件配置管理
CRM	Customer Relationship Management	客户关系管理
QMS	Quality Management System	质量管理体系
ERP	Enterprise Resource Planning	企业资源计划
ZigBee	ZigBee	紫蜂协议
IEEE	Institute of Electrical and Electronics Engineers	电气和电子工程师协会
WIFI	WIreless FIdelity	无线保真

续表

英文简称	英文全称	中文含义
UWB	Ultra WideBand	超宽带
IP	Internet Protocol	网络之间互连的协议
2G	the 2th Generation mobile communication technology	第二代移动通信技术
UHF	Ultra High Frequency	特高频
SPI	Serial Peripheral Interface	串行外设接口
SDA	Serial DatA	数据信号线
SCK	Serial ClocK	串行时钟
MOSI	Master Output/Slave Input	主机输出/从机输入
MISO	Master Input/Slave Output	主机输入/从机输出
NC	Not Connect	不连接
GND	GrouND	电线接地端
RST	ReSeT	复位
EPC	Electronic Product Code	电子产品代码
TID	Tag IDentifier	标签标识号
WSN	Wireless Sensor Network	无线传感器网络
GSM	Global System for Mobile communication	全球移动通信系统
GPRS	General Packet Radio Service	通用分组无线服务
3G	the 3th Generation mobile communication technology	第三代移动通信技术
4G	the 4th Generation mobile communication technology	第四代移动通信技术
ID	IDentity	身份标识号码
COM	Component Object Model	组件对象模型
WMS	Warehouse Management System	仓库管理系统
TCP	Transmission Control Protocol	传输控制协议
OID	Object IDentifier	对象标识符
PLC	Programmable Logic Controller	可编程逻辑控制器
MCU	Micro Control Unit	微控制单元
IO	Input/Output	输入/输出
AP	Access Point	接入点
A/D	Analog/Digital	模拟/数字
USB	Universal Serial Bus	通用串行总线
LED	Light Emitting Diode	发光二极管
IDE	Integrated Development Environment	集成开发环境
GPIO	General Purpose Input Output	通用输入/输出

续表

英文简称	英文全称	中文含义
NED	NEtwork Description	网络描述
NS2	Network Simulator version 2	网络仿真
TCL	Tool Command Language	工具命令语言
MAC	Media Access Control	媒体访问控制，或称为物理地址
OSAL	Operating System Abstraction Layer	操作系统抽象层
HAL	Hardware Abstraction Layer	硬件抽象层
RAM	Random Access Memory	随机存取存储器
LCD	Liquid Crystal Display	液晶显示屏
MT	Monitor Test	显示测试
NWK	NetWorK	网络

参考文献

［1］熊茂华，熊昕，甄鹏 . 物联网技术与应用实践（项目式）［M］. 西安：西安电子科技大学出版社，2014.

［2］王汝林，王小宁，陈曙光，等 . 物联网基础及应用［M］. 北京：清华大学出版社，2014.

［3］林凤群等 . RFID 轻量型中间件的构成与实现［J］. 计算机工程，2014（9）77－80.

［4］伍新华 . 物联网工程技术［M］. 北京：电子工业出版社，2015.

［5］谭杰，蒋邵岗，王启刚 . 制造业中的 RFID 应用模式研究及实例［J］. 控制工程，2014（9）151－154.

［6］王敏丽，杜建平 . RFID 技术在汽车变速器生产线上的应用［J］. 新技术新工艺，2013（9）4－6.

［7］毛燕琴，沈苏彬 . 物联网信息模型与能力分析［J］. 软件学报，2014（8）11－12.

［8］胡永利，孙艳丰，尹宝才 . 物联网信息感知与交互技术［J］. 计算机学报，2016（6）11－15.

［9］钱志鸿，王义君 . 物联网技术与应用研究［J］. 电子学报，2012（5）4－9.

［10］沈苏彬，杨震 . 物联网体系结构及其标准化［J］. 南京邮电大学学报，2015（1）21－23.

［11］王保云 . 物联网技术研究综述［J］. 电子测量与仪器学报，2014（12）45－46.

［12］吴振强，周彦强，马建峰 . 物联网安全传输模型［J］. 计算机学报，2015（8）15－16.

［13］赵秋艳，汪洋，乔明武，等 . 有机 RFID 标签在动物食品溯源中的应用前景［J］. 农业工程学报，2012（8）51－52.

［14］赵斌，张红雨 . RFID 技术的应用及发展［J］. 电子设计工程，2014（10）23－25.

［15］王辉 . 基于 FlexSim 的生产线精益优化［J］. 汽车零部件，2015（12）25－27.

［16］冯晓莉，刘同娟 . 基于 FlexSim 的国际物流流程模型仿真［J］. 物流技术，2013（3）41－42.

［17］欧军，吴清秀，裴云，等．基于 Socket 的网络通信技术研究［J］．网络安全技术与应用，2014（7）82 – 85.

［18］乔英苹．基于 Socket 通信的文件服务系统设计与实现［D］．济南：山东大学，2016.

［19］欧文．物联网技术及其在农业生产中的应用研究［D］．昆明：昆明理工大学，2015.

［20］杨咏倩．基于物联网技术的智能种植监测系统［D］．青岛：中国海洋大学，2015.

［21］刘锋．物联网进化论［M］．北京：清华大学出版社，2012.

［22］七星虫 ZigBee 开发板及开发资料．

［23］FlexSim 软件使用教程．